第一次做甜点

日本主妇之友社◎编著　　唐晓艳◎译

中国民族摄影艺术出版社

前言

点心制作的乐趣在于：

对作品的期待、

完成的感动、

品尝时的幸福感。

为使您体会这番乐趣，

于是诞生了这本书。

本书以让初学者也能制作甜点为初衷，

结合了大量实拍照片

和详细的制作方法。

决定要挑战制作某款甜点了？

那就详细阅读一下本书，

准备好材料和道具。

幸福时光就此开始！

制作本书介绍的点心需要注意以下事项：

- 1 大匙是 15mL、1 小匙是 5mL、1 杯是 200mL。
- 没有特别说明时，砂糖指的是白砂糖、黄油是无盐黄油。
- 关于烤箱加热时间。不同机型加热方式不同，需要根据实际烘焙情况调节。对流式烤箱需要减少 2~3 成时间。
- 鲜奶油使用动物性（乳脂）奶油。如果使用植物性奶油，口味会有所不同，做不出预期效果。
- 明胶主要使用明胶片。使用明胶粉时，明胶片 1 片（1.5g）对应 1/2 小匙明胶粉（1.5g）、2 片对应不足 1 小匙（2.5g）、3 片对应多于 1 小匙（3.5g）、4 片对应 1/2 大匙（5g）、5 片对应 2 小匙（6g）。需放在 3 倍于明胶粉的水内浸泡。
- 微波炉加热时间以 500W 为标准。600W 时，加热时间减 2 成。但是，不同机型加热时间多少有些差异，需要根据实际加热情况酌情加减时间。

目录

第一章

经典美味人气甜点

第二章

精致烘焙小甜点

第三章

冰凉爽口冷甜点

第四章

情人节巧克力甜点

专栏

第五章

简单零食小甜点

第六章

烘焙基础知识

第一章

经典美味人气甜点

本章节将介绍奶油蛋糕、芝士蛋糕等的做法，
都是大家都想尝试制作的甜点。
为了让初学者也能学会，
利用大量制作过程的照片，进行简明扼要的说明。
制作过程中，可以参考卷末关于点心制作的
常用术语、材料、工具等解说部分。

草莓奶油蛋糕

这是最想尝试制作的一款蛋糕!
本食谱将介绍“全蛋打发”,
就是蛋清与蛋黄不分开,全蛋液一起打发。
为了充分打发,电动打蛋器必不可少。
如果鸡蛋充分打发了,
意味着这款蛋糕成功了 80%!
之后再多练习几次,便会更加完美。

绵软的海绵蛋糕搭配
上足量的奶油，打造
一款完美的蛋糕！

草莓奶油蛋糕的制作方法

材料

（直径 15~16cm 的圆形烤盘 1 个）

蛋糕坯

- 鸡蛋 ………………… 2 个
- 白砂糖 ……………… 60g
- 牛奶 ………………… 2 小匙
- 低筋面粉 ………… 60g
- 黄油（不含盐） … 10g

糖浆

- 细砂糖 …………… 1.5 大匙
- 水 ………………… 1.5 大匙
- 樱桃酒 …………… 0.5 大匙

淡奶油

- 鲜奶油（动物奶油） ………………… 200mL
- 白砂糖 …………… 2 大匙

装饰

- 草莓 ……………… 1 盒
- 蓝莓、欧芹 ……… 各少许

模具用无盐黄油、
低筋面粉…………… 适量

准备工作

- 将牛奶、黄油和鸡蛋事先从冰箱内取出。
- 将制作蛋糕坯的黄油、模具用黄油一并放入耐热容器中，无需覆盖保鲜膜，放入微波炉中加热 20~30 秒左右至熔化。如右图一样，趁还有少许固体未熔化时取出，轻轻摇晃利用余热彻底熔化黄油。全部熔化后放置在预热的烤箱上防止凝固。
- 用刷子将熔化的黄油涂抹在模具内侧，模具底部铺上烤盘纸（玻璃纸、硅油纸均可），随后撒上一层薄薄的低筋面粉（高筋面粉亦可），并扫去多余的面粉。
- 制作裱花袋（参照 P170）。
- 烤箱预热至 170℃。

用微波炉加热后，可用手摇晃，利用余热彻底熔化黄油。

用刷子将黄油涂于模具内。

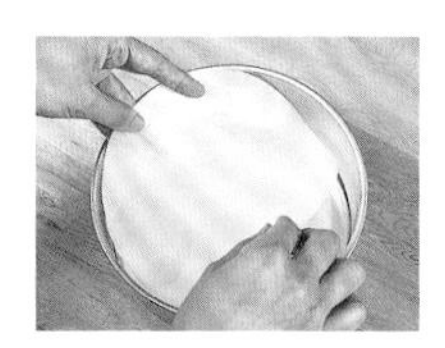

烤盘纸只铺模具底部。

撒面粉。如果没有图示中的工具，也可用滤茶网替代。

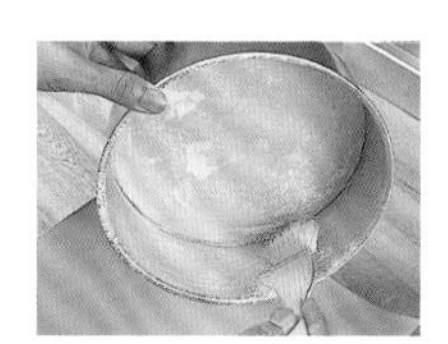

用刷子扫去多余的面粉。

材料知识

樱桃酒

用樱桃制作而成的白兰地。比一般的白兰地更透明。与浆果类十分搭配，这里用于增添香味。

＊制作面糊

1 将鸡蛋打入碗中，用电动打蛋器简单搅拌后加入白砂糖，随后搅拌至白砂糖溶化为止。

2 看不见砂糖之后将碗放入热水中间隔水加热（参照P172）。利用电动打蛋器高速打至如图一样蓬松发泡为止，用手指试温，如果温度跟体温差不多，即可将碗从热水中移开。

3 冷却打发的鸡蛋，经过2~3分钟搅打至如图一样，捞起挂勺的程度为止。

4 最后低速搅打1分钟左右。这样可去除大气泡，还可以保持发泡状态。用牙签插在中间约1cm深，如果牙签站立说明打发完成。若牙签倒了则需继续打发。

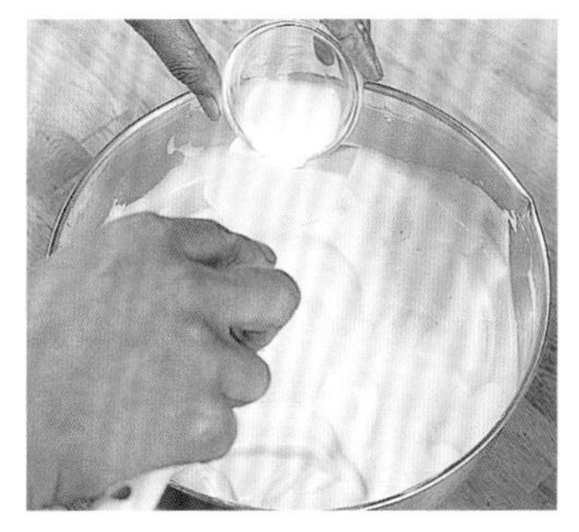

5 将牛奶顺着橡胶铲倒入碗内并搅拌。牛奶与鸡蛋的温度最好统一，需提前从冰箱中取出恢复至常温状态。

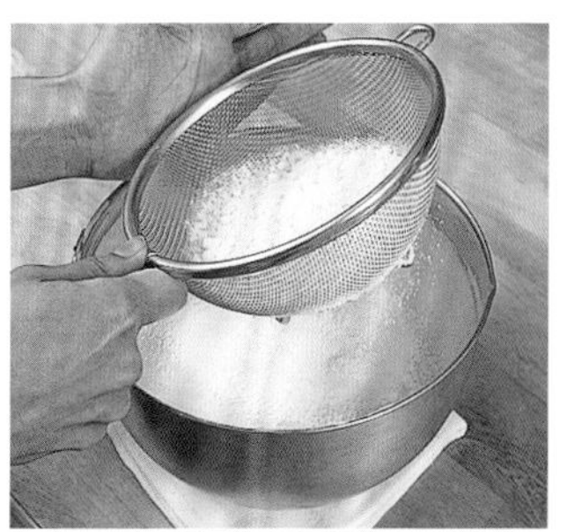

6 筛入一半的低筋面粉，用打蛋器从底部往上搅拌，搅拌至没有粉状物为止。

7 随后筛入剩下的低筋面粉，用打蛋器充分搅拌至面糊不粘碗边。

全蛋液需隔水加热打发

全蛋隔水加热打发，为了避免油脂较多的蛋黄影响蛋白打发，因此需要提高温度（温度越高表面张力越弱，蛋液更容易打发）。为了避免鸡蛋中的蛋白质凝固，加热片刻即可移开热水。

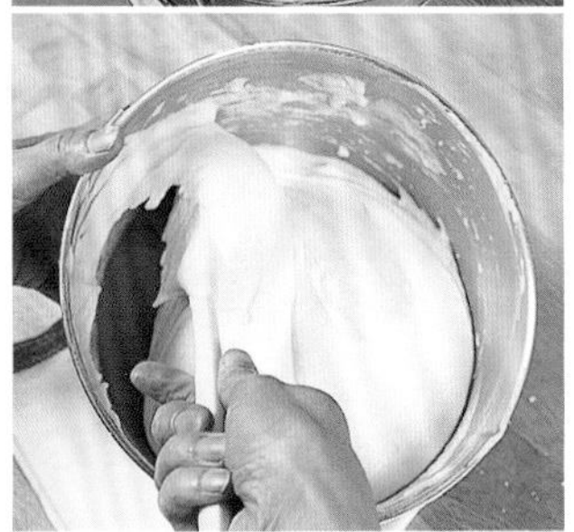

8 将溶化的黄油沿着橡胶铲加入碗中，从底部向上充分搅拌。

＊倒入模具中，除出空气

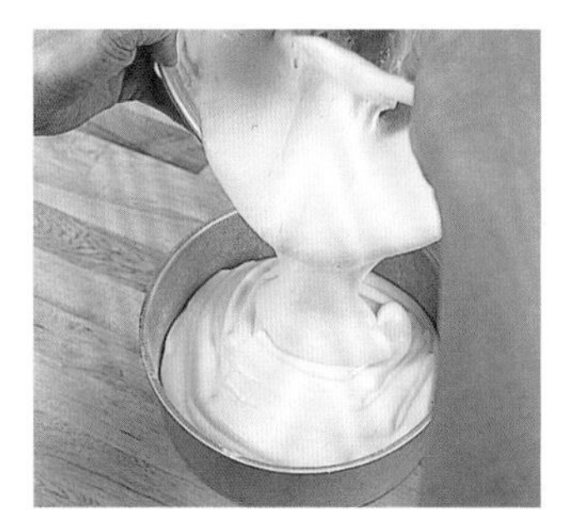

9 将面糊全部倒进准备好的模具中。

10 立起橡胶铲，顺时针缓慢转动1~2周，除去大气泡。

11 把模具稍微端起然后落下，重复数次，让面糊表面光滑平整。

12 用指尖沿着面糊边缘转动一圈切面坯（参照P174）。

＊用烤箱烘焙

13 放在烤盘上，放入预热至170℃的烤箱中层烤制20分钟。

14 表面均匀鼓起，呈现出漂亮的金黄色后取出，用手掌在正中间轻轻摁一下。如果瘪了，需要再烤5分钟。

15 用一根竹签在正中间，插一下拔出，如果没有粘上面糊，就说明烤好了。

16 由于很热，戴上干净的劳保手套或烤箱手套，将冷却架（只要是金属网类均可）罩在模具上，将蛋糕从模具中倒扣出。

17 放置在冷却架上充分冷却。

＊涂上糖浆

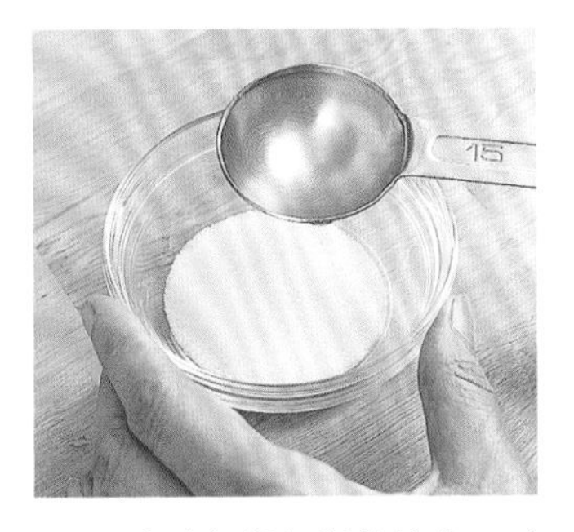

18 在冷却期间制作糖浆。耐热容器中放入细砂糖，加入定量的水搅拌，用微波炉加热1分钟至溶化，接着加入樱桃酒，然后冷却。

＊润饰

19 冷却后，轻轻揭掉底部的模具用纸（除了硅油纸，其他材质的纸如果在冷却前揭掉，蛋糕也会一同揭掉。）

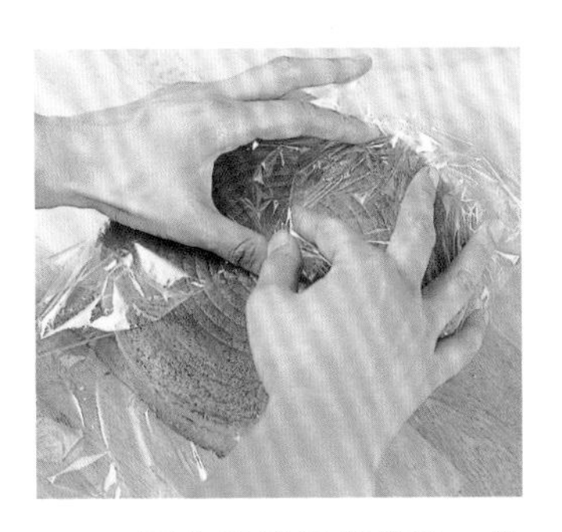

20 不立即进行装饰时，为了避免蛋糕干燥，需包裹上保鲜膜。放置一晚上，第二天装饰也可以。

21 把蛋糕坯放在小案板上，横向切成两半。用面包刀类的长刀，边转动案板边切，这样切起来轻松，还可以让断面切得十分漂亮。

22 用刷子扫去切蛋糕产生的碎屑（也叫蛋糕屑）。

23 刷子蘸上步骤18制作好的糖浆，均匀涂抹在蛋糕切面上，使其充分渗入。

重要步骤

24 将洗干净的草莓用厨房纸巾吸干水分。

25 去除草莓蒂，把形状好看的草莓挑出来，用于装饰蛋糕表面，剩下的草莓对切成四瓣。

26 将鲜奶油和白砂糖放入干净且干燥的碗内，并将碗底隔着冰水，一边冷却，一边搅打发泡。搅打至不挂勺，一挑滴滴答答往下滴即可。

27 将步骤23的蛋糕放在小案板上，淋上步骤26做好的淡奶油。

28 用抹刀或者餐刀等涂抹均匀。

29 将切好的草莓从外向内摆放在上面。正中间空出些许位置，切开时前端不容易碎掉。

30 将适量淡奶油倒在正中间，用抹刀摊开，随后盖上另一片蛋糕。

31 将淡奶油继续搅打发泡，使其稍微浓稠一些。

32 将适量淡奶油倒到蛋糕正中间。

33 用抹刀抹平奶油并从侧面刮下。

34 立握刀具，转动案板抹平侧面的奶油。如果反复涂抹，容易让蛋糕变形，不用太在意细微的凹凸不平，尽量一气呵成。

35 转动案板，刮掉堆积在下面的奶油。

36 将星形的裱花嘴装在裱画带上，装入剩下全部奶油（参照P46），然后用刮刀等工具将奶油推到前端，然后在蛋糕上裱出三处花。每处分别挤三次，形状类似三角形。

37 每朵奶油花上分别放两颗草莓，也可以放一些蓝莓，欧芹叶用作装饰。

奶油的甜味与草莓的
酸味是绝佳搭配!

蛋糕卷

用松软的海绵蛋糕加上奶油与水果制成的蛋糕卷，
是赠送亲友的绝佳礼品！
将薄薄的海绵蛋糕面糊倒在烤盘内烘焙，很快就可烤好。
水果可根据时令或喜欢选择，
尽享 DIY 乐趣。

材料
（22cmx30cm 的烤盘或者平底盘 1 个份）

低筋面粉……………60g
细砂糖………………60g
黄油（不含盐）……2 小匙
鸡蛋…………………2 个
牛奶…………………1 小

A
- 鲜奶油（乳脂含量 47% 左右）……………200mL
- 细砂糖…………2 大匙

草莓…………………100g

准备工作

- 鸡蛋提前 1 小时（夏季 30 分钟）放置室温下。
- 在烤板或耐热材质的平底盘上铺上烤盘纸。
  在烤盘上放置一张大于烤盘或平底盘四边约 2cm 的烤盘纸，将四边折起来，四角约 2cm 处划出标记。将烤盘纸与烤盘调整成同一高度。
- 低筋面粉过筛。
- 黄油放在耐热容器内，不罩保鲜膜加热 30 秒熔化（参照 P4 的准备工作）。
- 清洗草莓、去蒂，切成 5mm 左右的小块，用厨房用纸吸干多余的水分。
- 烤箱预热至 180℃。

＊制作蛋糕卷的蛋糕坯

1 将鸡蛋打入碗内，用打蛋器稍微搅拌，加入细砂糖，并将碗放在热水中隔水加热（参照 P172），同时充分搅拌。用手指试温，如果温度跟体温差不多，即可将碗从热水中移开。

2 用电动打蛋器打发，搅打至蛋液呈彩带状落下后，分 2~3 次筛入低筋面粉，然后用橡胶铲充分搅拌。

3 往熔化的黄油内加入1大匙步骤2，充分搅拌。然后再倒入步骤2中，用橡胶铲充分搅拌。

4 浇入牛奶，用橡胶铲搅拌。加入牛奶蛋糕更容易卷，且口感更佳。

＊倒入面糊烘焙

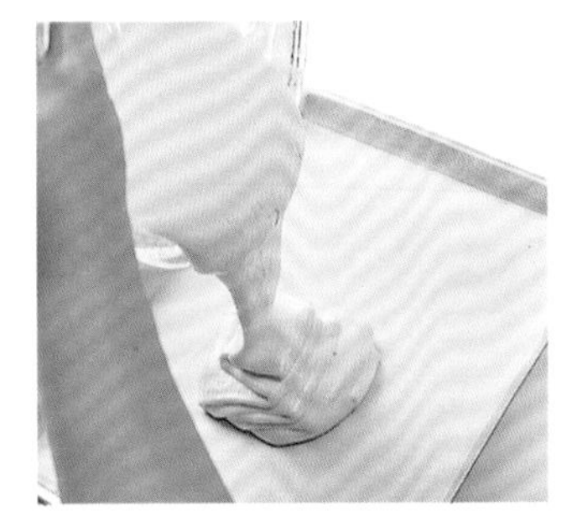

5 将蛋糕面糊倒入烤盘正中间，用刮刀的平边从中间向四周摊平。

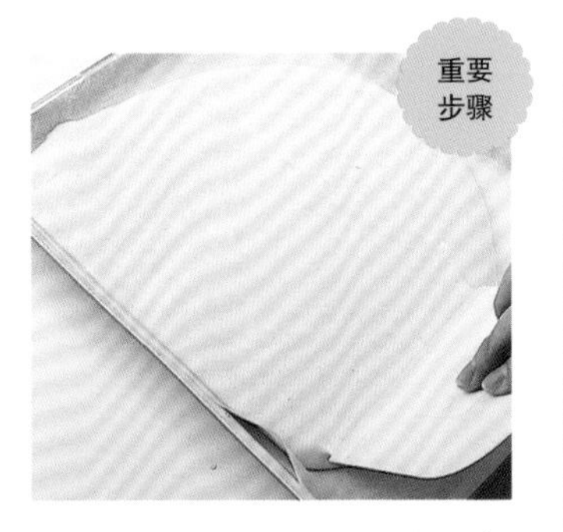

6 用刮刀刮平表面。如果反复刮会导致蛋糕面糊消泡，影响蓬松度，建议快速抹平。

7 用手轻轻敲打烤盘底，将蛋糕面糊中多余的空气排去，然后放入预热至170℃的烤箱中烤制8~9分钟。表面呈现淡黄色时，用手指轻戳能感到回弹，就说明烤好了。

＊冷却后揭掉烤盘纸

8 趁热连同烤盘纸整个取出放在金属网上冷却。余热稍稍散出一些后放在平整的桌面上，小心揭去侧面的纸。

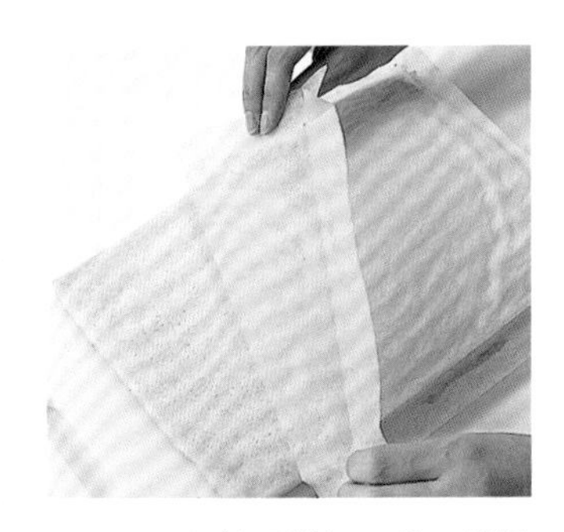

9 上下翻转蛋糕坯，从一端慢慢揭开烤盘纸。尽量不要破坏又薄又软的蛋糕坯。

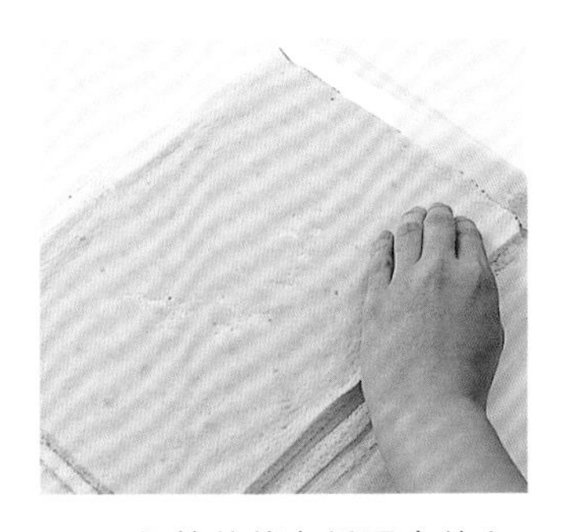

10 揭掉的烤盘纸再次盖上，并翻转蛋糕坯。用刀切去四个边，修整齐四周，稍短的一个蛋糕边需要用刀斜切。这样处理的蛋糕坯卷的时候不会很厚重，而且也很漂亮。

＊润饰

11 将材料A的鲜奶油和细砂糖放入碗中，碗底放在冰水内打发。提起打蛋器，如果有奶油残留而且需要过一会才会掉下来，就说明打好了（七分打发）。

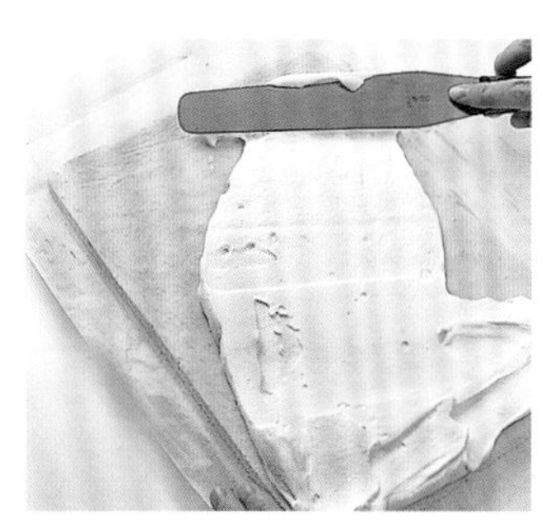

12 将打发的奶油涂抹到海绵蛋糕上，用刮刀大幅度快速抹匀。

13 将切好的草莓碎随意洒在奶油上。斜切的一边当做芯，两手边揭纸边向前卷。

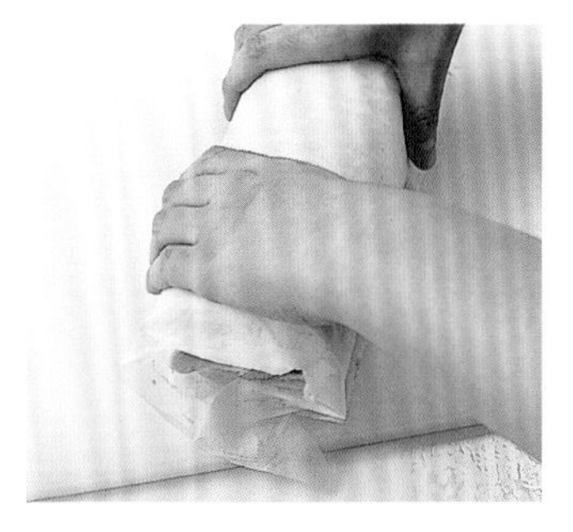

14 卷好后，接口部位冲下放置，用保鲜膜包好，放入冰箱冷藏3小时。这样蛋糕和奶油都会更加稳定，容易成形，也会变得更容易切。

15 吃之前再切。刀预先过一遍热水，擦净水分，然后前后锯着切，动作幅度要小。每切一段重复洗刀的步骤，切面会更漂亮。

如何完美切蛋糕呢?

像磅蛋糕、海绵蛋糕和蛋糕卷等，切这些松软的蛋糕时，推荐使用常用刀，或者使用面包刀那种波浪刃的刀。诀窍就是在切之前把刀过一遍热水，拭干水分后再切，这样可让切面更平滑整洁。注意每切一段都需重复该步骤。烤完后，需要让蛋糕坯完全冷却。夹层较多的水果蛋糕、装饰繁琐的奶油蛋糕等，先充分冷却再切的话，可防止夹心迸出，蛋糕会切得十分完美。

水玉蛋糕卷

烘焙出如此可爱的水珠造型蛋糕，不禁想欢呼起来！
先烘焙好巧克力味的水珠，蛋糕坯烘焙步骤与普通蛋糕卷相同。
松软无比的蛋糕加上优酪乳风味的鲜奶油
味道更清爽！

＊制作蛋糕卷坯子

1 碗内放入蛋黄和材料A，用打蛋器搅拌至黏稠。

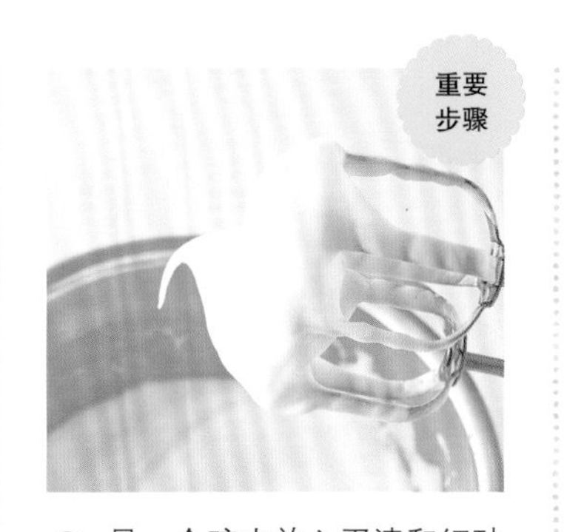

2 另一个碗内放入蛋清和细砂糖，用打蛋器打发，打至拉起打蛋器有坚挺的角。用电动打蛋器打至充分发泡。

3 将步骤2的1/3加入步骤1内，用打蛋器充分搅拌。

4 蛋白酥皮与坯子充分混合之后，筛入材料B，用打蛋器搅拌至没有粉状物为止。

5 换用硅胶铲，分两次加入步骤2中剩下的材料，然后充分搅拌，尽量不要破坏气泡。

材料

（长25cm的蛋糕卷1个）

鸡蛋……2个

A
- 牛奶……15g
- 色拉油……1小匙
- 细砂糖……35g

细砂糖……20g

巧克力板（黑巧克力）……15g

B
- 低筋面粉……15g
- 土豆淀粉……15g

C
- 鲜奶油……100mL
- 纯酸奶……2大匙
- 白砂糖……1大匙

香蕉……1根

柠檬汁……1小匙

准备工作

- 烤盘铺上烤盘纸。如果烤盘较大，先把烤盘纸剪成长宽各30cm，沿着底部留出约26cm出折出边儿，用订书机将四个角固定住。烤盘纸侧边比烤盘需高出1~2cm。
- 鸡蛋尽早从冰箱中取出，蛋黄和蛋清分开（参照P132）。
- 烤箱预热至180℃。

＊制作巧克力坯

6 掰碎巧克力板，放进耐热碗内，罩上保鲜膜放进微波炉里加热40秒至熔化。用勺子舀出15g已经搅拌熔化好的**5**，加到巧克力内，搅拌均匀。

＊烘焙水玉坯子

7 用勺子将**6**放在烤盘的正中间偏左的位置，保持一定间隔。水玉大小根据自己喜好决定。

8 如果使用的是有强风扇的对流型烤箱，为了避免烤盘纸被吹起来，最好在一端压上几个耐热碗。

9 放在预热至180℃烤箱内烤制3分30秒。烤完后，将烤盘取出，放在垫有湿布的桌面上。

＊烘焙蛋糕卷

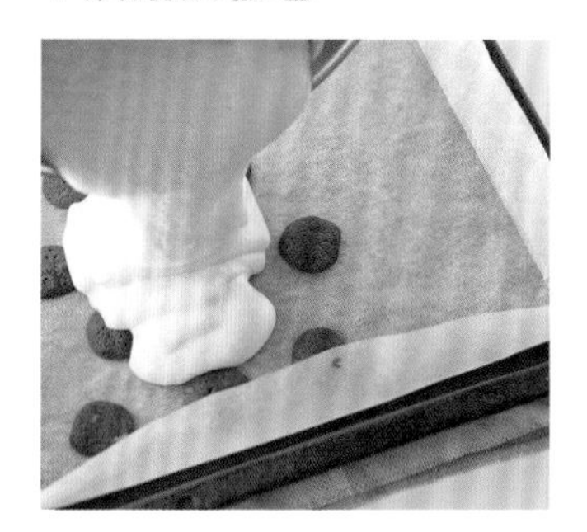

10 将剩余的材料倒在**9**上。

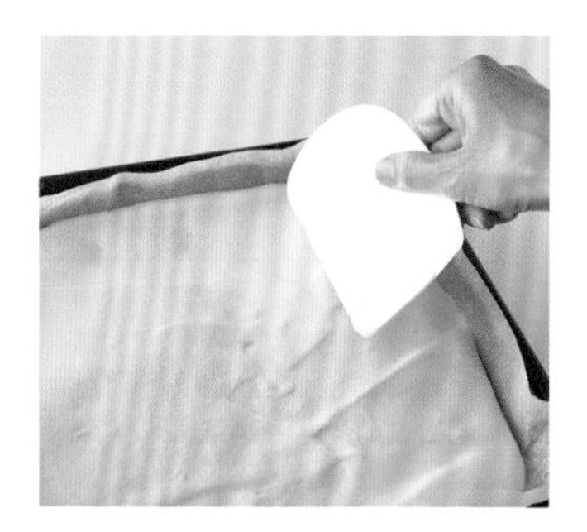

11 用刮刀从中间向四周刮开，至表面摊平。

12 再次放入预热至180℃的烤箱中烤10分钟。等到蛋糕烤上色后，用手指轻轻按压，如果能感到弹性，那么就大功告成了。

＊冷却后揭掉烤盘纸

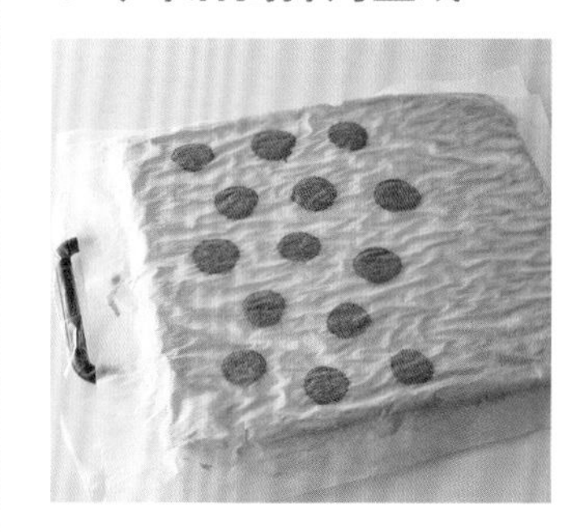

13 趁热将连同烤盘纸一并取出放在金属网上冷却。等余热散去后，上下翻转，待完全冷却。

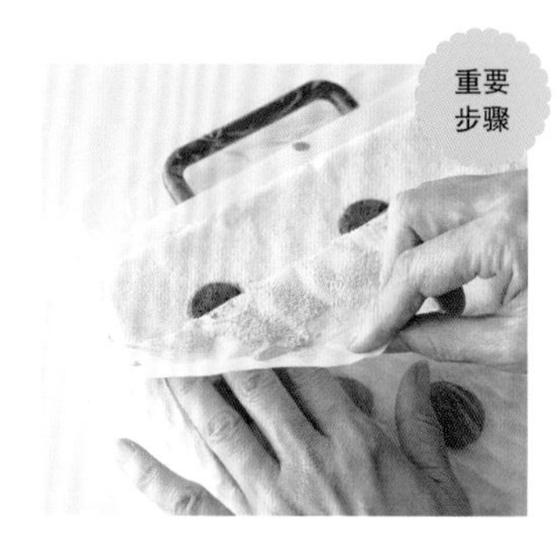

14 由于巧克力很容易粘上烤盘纸，所以揭掉烤盘纸时，需要单手压住，慢慢揭开。

15 把揭下来的烤盘纸再次盖在上面，上下翻转蛋糕坯。切掉四边5mm左右，修整形状。

＊润饰

16 将材料C放入碗内，打发。搅打至拉起打蛋器，残留的奶油慢慢滴落的状态即可。为了防止香蕉变色需涂上柠檬汁。

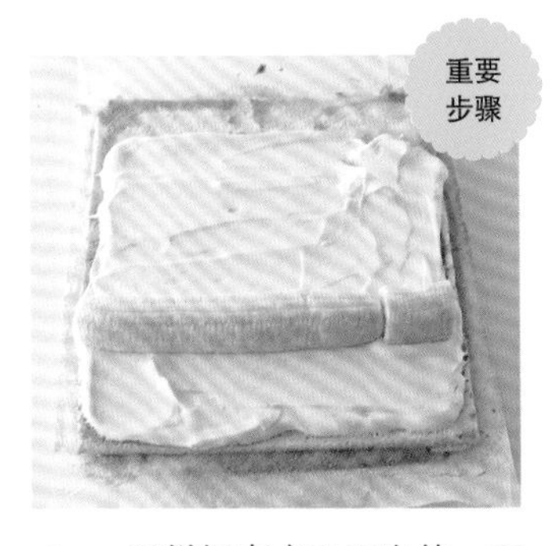

17 蛋糕坯有水玉图案的一面朝下。鲜奶油涂抹至内侧边2~3cm处，靠近自己的方向6cm处横放上香蕉。

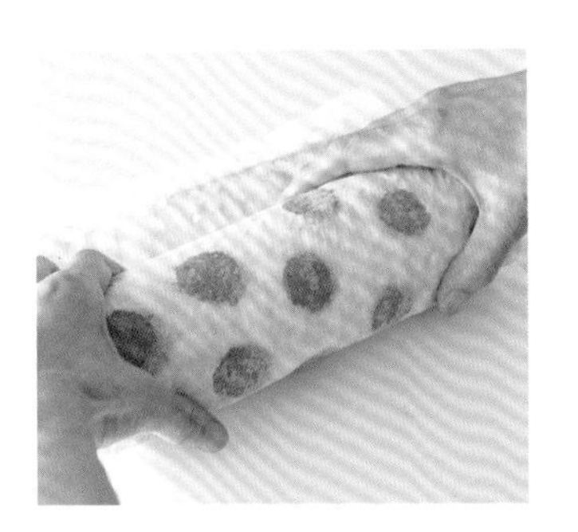

18 两手拿起整张纸向前卷。卷好的部位冲下放置，并用保鲜膜包裹好，放进冰箱内冷藏。等冷藏好后，可切成个人喜欢的厚度。

文字蛋糕卷

用巧克力写上文字，摇身变成充满祝福信息的蛋糕！推荐用作生日蛋糕。

1 用水笔在烤盘纸上写上文字，反过来铺在烤盘上。文字写在烤盘内侧1/3处，这样卷起来之后，文字就会在蛋糕卷正中间显示出来。

2 水玉蛋糕卷的制作方法、参照P15步骤1~5。到了步骤6奶油分量增加至20g。

3 将巧克力装在带有裱花嘴（2~3mm）的裱花袋内（参照P170），临摹步骤1写好的文字。

4 步骤8以后制作方法同水玉蛋糕卷相同。

一款可真正品尝
巧克力美味的蛋糕

巧克力蛋糕

可以与裱花蛋糕匹敌的、
极具人气的巧克力蛋糕。
与体积相反，
蛋糕外皮酥脆，
内部甘润、紧实。
是一款可以品尝巧克力味道的蛋糕。

巧克力蛋糕的制作方法

材料

（直径 15~16cm 的圆形模具 1 个份）

烘焙专用黑巧克力… 75g
无盐黄油…………… 60g
A［可可粉（无糖）45g
　 低筋面粉……… 20g
鲜奶油（动物奶油）… 50g
鸡蛋………………… 3 个
细砂糖……………… 110g
白兰地……………… 1 大匙
糖粉、模具用熔化黄油
……………………… 各适量

准备工作

- 为了让烤盘纸贴紧在模具上，模具内壁全部涂上黄油（参照P4）。将烤盘纸（也可购买专用模具用纸）裁剪成与模具大小一致，铺在模具内。由于烘焙时，蛋糕会膨胀，建议侧边的纸比模具高出 1~2cm。
- 把鸡蛋、奶油、黄油提前 30 分钟从冰箱取出，放置常温下。鸡蛋逐个打进小碗内，用手直接捞出蛋黄，分离蛋白和蛋黄（参照 P132）。把黄油切成2cm的小块会更快变软。
- 烤箱预热至 180℃。

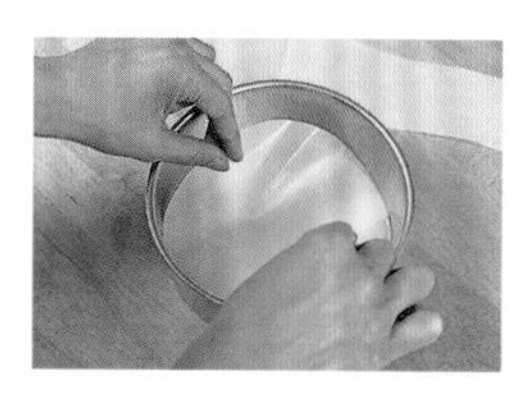

预先把烤盘纸剪成与模具大小一致。如果购买市面销售的专用纸更便捷。用黄油当黏合剂，需在多处涂抹上黄油。

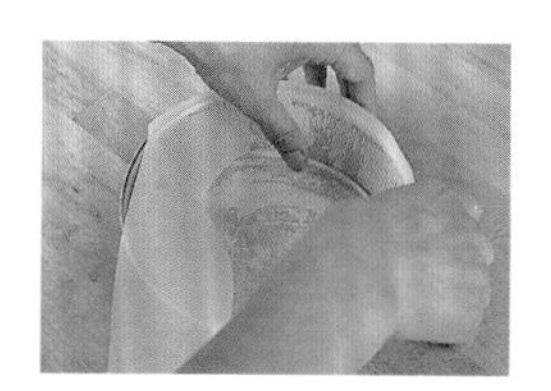

侧面用烤盘纸宽幅需比模具多 1~2cm，长度要比模具的周长稍稍长出一些，沿着侧边铺进去。

材料知识

白兰地

用水果果实发酵并蒸馏而成的酒。一般用葡萄酿造出的酒叫白兰地，用樱桃酿造的那么就叫樱桃酒（参照 P4），以区别于一般的水果白兰地。

＊切碎、溶化巧克力

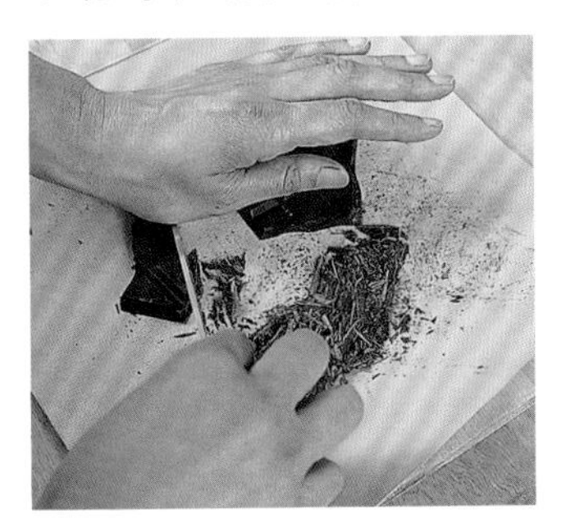

1 巧克力从一端切碎（参照P137，之后用来溶化切得大小不一也没关系）。如图在案板上垫张厚纸再切，不会弄脏案板，而且也方便倒入碗内。

2 从冰箱里取出切好的黄油加在步骤1的巧克力内。

3 将2隔水加热（参照P172）溶化。放置一段时间彻底融化后，从热水移开，用硅胶铲搅拌均匀。

＊打发蛋黄

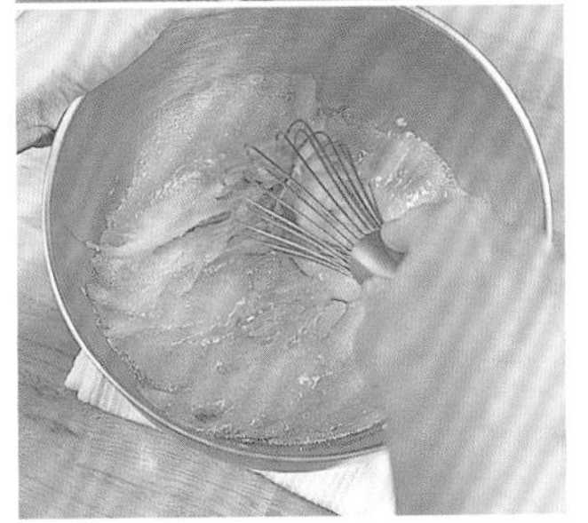

4 蛋黄中加入60g细砂糖，用打蛋器搅打至黏稠。

＊加入可可粉

5 4中筛入可可粉和低筋面粉。

6 直接用4的打蛋器充分搅拌。

7 将3加入6内，然后加入鲜奶油充分搅拌。由于冰冷的鲜奶油容易油水分离，务必提前将鲜奶油从冰箱中取出。

＊打发蛋白

8 往蛋白中加入25g细砂糖，用打蛋器高速搅打，等变白变蓬松后，将剩余的25g细砂糖一并加入再次搅打。

9 搅打至提起打蛋器蛋白有稍微弯曲的尖角即可。如果蛋白充分打发，烘烤出的蛋糕外皮酥脆、内里松软，可根据自己喜好调节。

＊混合巧克力和蛋白

10 将9的1/3加入到7中，充分搅拌巧克力和蛋白。

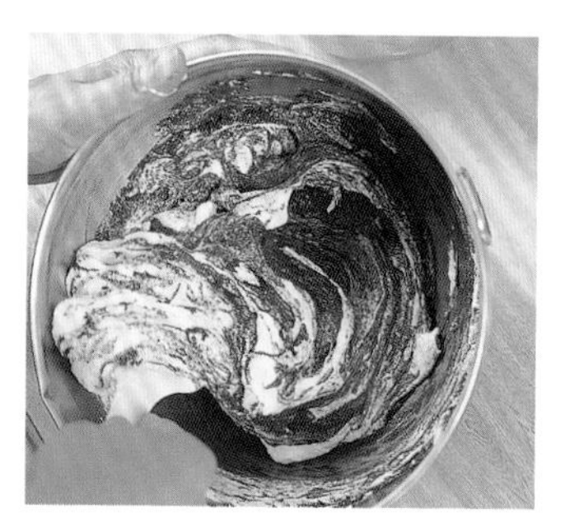

11 再将剩下的蛋白加入一半，换成硅胶铲，呈切割状搅拌。

12 将剩下的蛋白全部加入，从底部向上搅拌，尽量不破坏气泡。

＊倒入模具内烤制

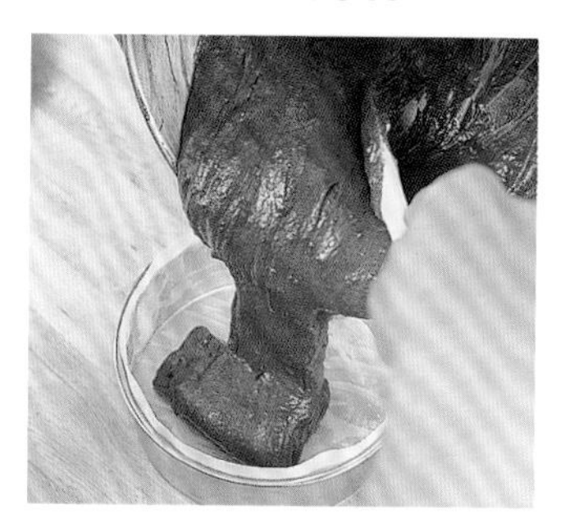

13 搅拌至蛋白看不见白色之后，加入白兰地，搅拌均匀后，一并倒入模具内。

14 模具稍举起、然后落在桌子上。多重复几遍此步骤，使坯子表面变平整。

15 用干净的手指切面坯（参照P174），并放入预热至180℃的烤箱内，烤制25分钟左右。

16 中间膨胀起来，表面看起来有裂痕、干燥，就意味着烤好了。由于面粉较少，容易变形，暂时不从模具中取出，先放置冷却。

＊润饰

17 余热挥发之后，连同烤盘纸整个取出放在冷却架（金属网）上，揭开侧边的纸继续冷却。

18 等蛋糕完全冷却之后（温的蛋糕糖粉会熔化），揭掉底部的烤盘纸，筛上糖粉。

香草戚风蛋糕

因为口感绵软、“戚风”=“绸绢”，由此得名。

蛋黄和蛋白分别打发、使用中空的专用的模具烘焙而成。

制作诀窍就是充分打发蛋白，并快速将蛋白与面糊混合。

材料
（直径 17cm 的戚风蛋糕模具 1 个份）

低筋面粉……………70g
泡打粉………………3/4 小匙
A［ 蛋黄……………3 个
 细砂糖…………40g
香草豆荚……………1/3 条
色拉油………………2 大匙
B［ 蛋白……………140g（四个）
 细砂糖…………40g
鲜奶油、草莓果酱、
草莓…………………各适量

准备工作

- 鸡蛋提前 1 小时（夏季 30 分钟）放置室温下。
- 香草豆荚用刀竖着切开，取出种子。
- 将低筋面粉和发酵粉混合过筛。
- 烤箱预热至 180℃。

＊打发蛋黄

1 在干净的碗里放入材料A和香草豆荚（参照P132）。用打蛋器的搅拌棒粗略搅拌一下，然后把搅拌棒装到电动打蛋器上，打发至蛋液慢慢掉落为止。

2 往1内加入色拉油，用搅拌棒直接搅拌，混合好之后加入4大匙清水。

＊打发蛋白

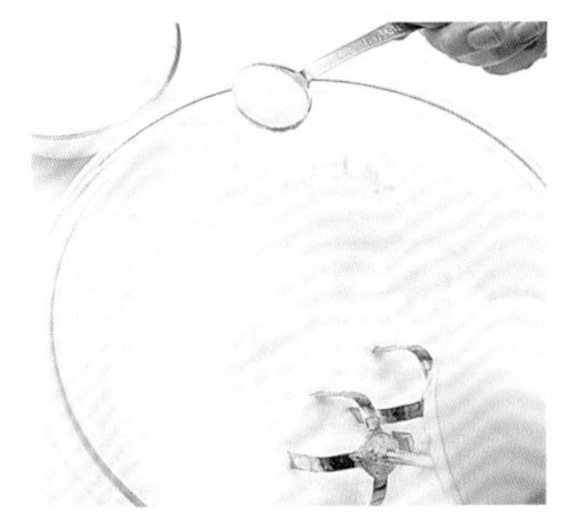

3 将材料B的蛋白放入另一只碗内，用电动打蛋器充分搅拌。打至蓬松后，一点点加入细砂糖，继续搅打发泡。

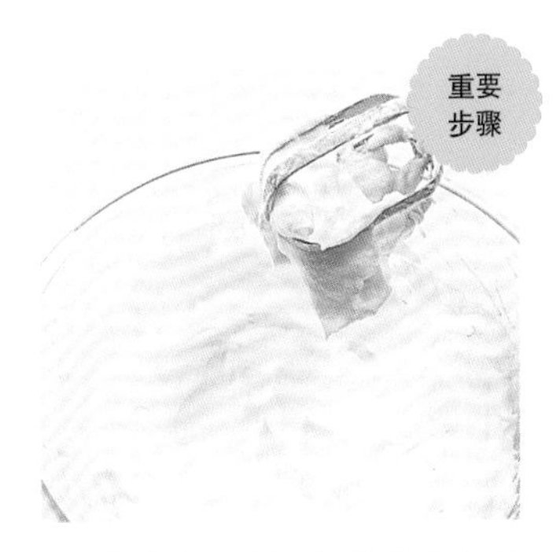

4 提起打蛋器，打发的蛋白呈尖角。需要注意：如果过度打发，蛋白容易结块。

道具知识

戚风模具

为了均匀导热，中间有一个洞的模具。由于冷却时蛋糕会回缩，为了避免蛋糕回缩，不要使用氟化乙烯树脂材质的模具，且模具内侧不要涂油。

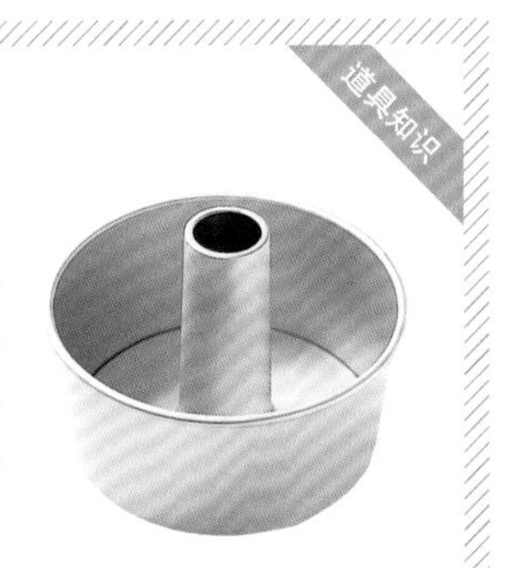

＊加入蛋白

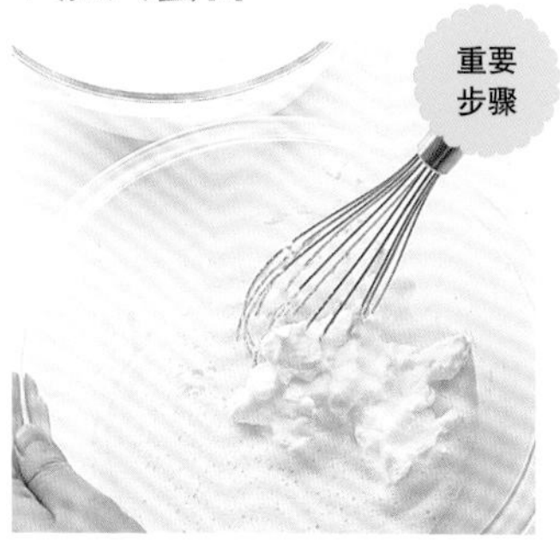

5 往2中加入1/3的打发蛋白，简单搅拌不要破坏泡沫。打蛋器顺时针搅拌，另一只手逆时针旋转碗，能够快速完成搅拌。

＊加入粉类

6 将已过筛的粉筛入一半，搅拌至粉块状物消失之后，再把剩余的粉一并加入，继续搅拌。

＊再次加入蛋白

7 分两次加入剩下的蛋白，简单搅拌，注意不要破坏泡沫。

8 搅拌成如图所示状态即可。蛋白没有结块且面糊有光泽富含空气。由于面粉容易产生面筋，注意不要过度搅拌。

＊倒入模具内

9 将面糊环绕模具一周倒入模具内。

10 用竹签（或筷子）插在面糊上旋转2~3周。除去多余的空气，使表面变得平整。

＊烘焙、冷却

11 将模具放在烤盘上，放入烤箱内，预热至170℃烤制35分钟。表面呈金黄色，竹签插进去没有黏上面糊，说明烤制完成。

12 烤完之后倒扣在金属网上，直到完全冷却。这样做能保持膨胀的形状，不会因蛋糕过重而瘪下来。

＊脱模

13 模具侧面插入餐刀（或者蔬菜刀），沿模具环绕一周，取出蛋糕。

14 握住中间的管状部分把蛋糕从模具中取出，按照步骤13的方法剥离中央管的侧面。刀面宽的刮刀不好操作，可以使用刀面细的刀或者竹签。

15 在模具底与蛋糕之间插入刮刀，将其分离，上下转动取出模具。

＊润饰

16 用保鲜膜包裹好保存，品尝之前再切，可以根据喜好添加上鲜奶油和草莓果酱。

裱花戚风蛋糕

简单的戚风蛋糕华丽变身！
装饰上淡奶油与水果，给人以华美的印象。

材料

（直径17cm的戚风模具1个份）

戚风蛋糕的材料（参照P25）
鲜奶油（动物奶油）……200mL
细砂糖……2大匙
草莓、蓝莓（罐头）、黄桃（罐头）、猕猴桃……各适量

准备工作

- 与香草戚风蛋糕相同。

1 烤制香草戚风蛋糕（参照P25~27），完全冷却。

2 加入鲜奶油和细砂糖，用打蛋器搅打至七分发。

3 用刮刀将2在1上薄薄涂一层，然后涂抹上足量奶油（ⓐ）。

4 用刀刮出图案，并装饰上切成小块的水果。

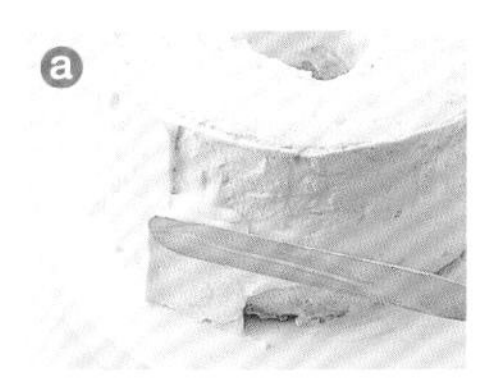

ⓐ 蛋糕坯顶部涂抹上大量奶油，然后抹平。掉到操作台上的奶油用刀从下往上涂抹，涂抹出一定的宽度，这样就刮出图案了。

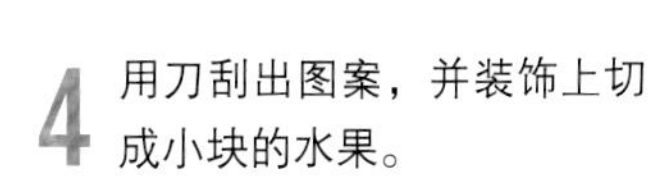

香蕉戚风蛋糕

淡淡的肉桂香味与香蕉自然的甜味在口中弥漫。好吃的诀窍就是使用熟透的香蕉，而且一定要将香蕉搅打成细碎。

材料

（直径17cm的戚风模具1个份）

低筋面粉……………80g
泡打粉………………3/4小匙
肉桂粉………………1小匙
A［蛋黄……………3个
　 细砂糖…………30g
色拉油………………2大匙
熟透的香蕉…………1根（80g）
B［蛋白……………140g（4个）
　 细砂糖…………40g
南瓜仁、核桃………各适量

准备工作

- 鸡蛋提前1小时（夏季30分钟）放置室温下。
- 烘烤南瓜仁和核桃干烤（参照P95步骤2），核桃切成大块。
- 低筋面粉、发酵粉和肉桂粉混合过筛。
- 烤箱预热至180℃。

＊制作方法（详情参照P25~27）

1 香蕉剥皮放在碗中，用打蛋器捣碎成润滑的糊状。（ⓐ）

2 参照P25~27的步骤1~8准备面糊。首先在另一个的碗内放入材料A并用打蛋器打发。搅打黏稠之后加入色拉油、4大匙清水和步骤1的香蕉，用打蛋器搅拌混合。

3 另一个碗内放入材料B的蛋白，并用电动打蛋器打发，随后一点点加入细砂糖，打发至提起打蛋器蛋白有尖角的状态即可。

4 将3的1/3量加入2内，粗略搅拌，搅拌至看不见白色块状物之后，分两次筛入粉类，用打蛋器从碗底大幅翻拌。

5 将剩余的3分两次加入4中，快速搅拌，尽量不要破坏气泡。然后倒入戚风模具内，用竹签搅拌几圈。最后把处理好的核桃和南瓜仁洒在表面。

6 把模具放在烤盘上，放进预热至170℃的烤箱烤制35分钟。表面呈金黄色后，用竹签插一下，没有黏上面糊即意味着烤好了。

7 烤好后立刻倒扣在金属网上，完全冷却。

ⓐ

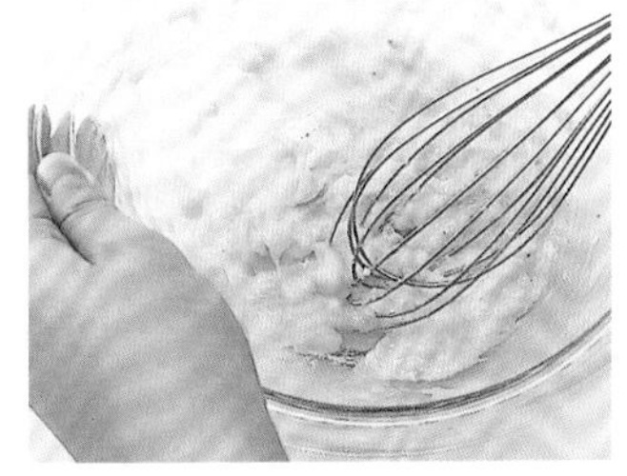

使用全熟的香蕉味道更佳。用打蛋器充分搅打碎后，香蕉不会沉在蛋糕糊底部，而且分布均匀。

道具知识

纸制戚风模具

如果没有金属模具，也可用纸制模具。使用纸制模具方便携带，推荐用于赠送亲友。

芝士蛋糕

清爽的酸味与醇厚的口感、
深受大家喜爱的芝士蛋糕，
只需把各种材料组合在一起就 OK。
用磅蛋糕模具烘焙，造型更新颖！
放在冰箱内充分冷藏后，尽情享用吧！

材料

（7cmx17cmx6.5cm 的磅蛋糕模具 1 个份）

奶油芝士……………… 250g
低筋面粉……………… 20g
细砂糖………………… 60g
鸡蛋…………………… 1 个
柠檬汁………………… 1 大匙
牛奶…………………… 1 大匙

准备工作

- 奶油芝士和鸡蛋提前 1 小时（夏季 30 分钟）放置室温下。奶油芝士放在微波炉里加热 15 秒左右即可。
- 磅蛋糕模具内铺上专用红备用纸。
- 烤箱预热至 180℃。

*制作蛋糕坯

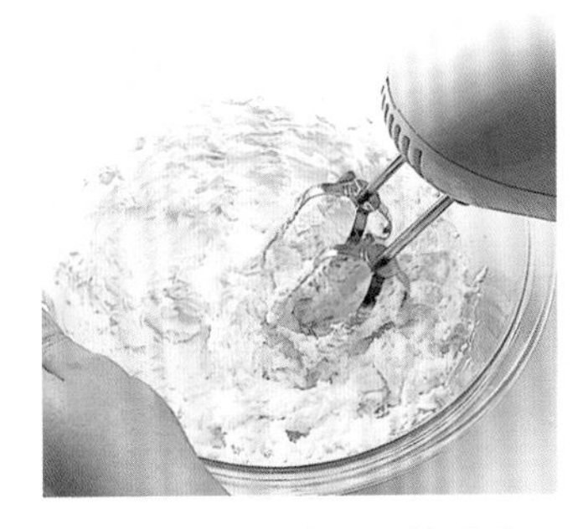

1 把变软的奶油芝士放进碗里用电动打蛋器搅打。搅打蓬松后，加入细砂糖继续搅打。

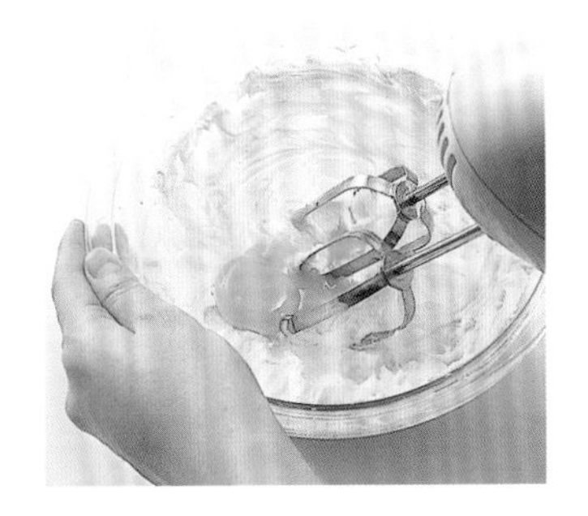

2 搅打至发白且呈黏稠状后加入鸡蛋，继续打蛋器搅拌。用硅胶铲贴碗边刮干净，充分搅拌。

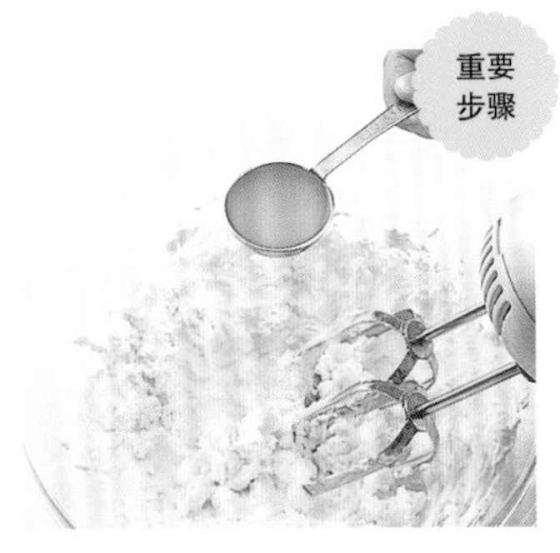

3 加入柠檬汁，用电动打蛋器打至光滑为止。

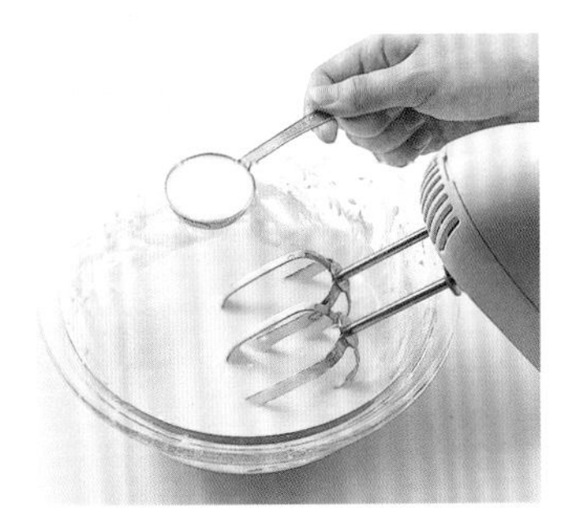

4 加入牛奶，用电动打蛋器搅拌。这时候检查一下还有没有残留的奶油芝士块，如果有就继续搅拌。

5 筛入低筋面粉，用打蛋器搅拌至没有粉状物为止。

*倒入模具内烘焙

6 将蛋糕糊倒入模具内，举高 10cm左右使模具落下，以除去蛋糕糊内的空气。由于很容易烤焦，需要把模具边上的蛋糕坯刮干净。然后放在烤盘上，放入预热至 170℃的烤箱内烤制 30~35 分钟。等整体上色且充分膨胀后就好了。

7 连同模具一起放到金属网上冷却，等余热散去之后，从模具中取出蛋糕至完全冷却，放在容器或保鲜袋内，放在冰箱内冷藏。

蛋奶酥芝士蛋糕

加入充分打发的蛋白，隔水烘烤后，最大的特点就是口感细滑绵软。请一定要学会烘焙这种独具魅力的芝士蛋糕。

材料

（直径 18cm 的活底圆形模具 1 个份）

奶油芝士……………250g
低筋面粉……………30g
细砂糖………………50g
黄油（不含盐）……30g
蛋黄…………………3 个
柠檬汁………………1 大匙
牛奶…………………4 大匙

打发蛋白

蛋白 ………………3 个
细砂糖 ……………1 小匙

准备工作

- 奶油芝士、黄油和鸡蛋提前 1 小时（夏季 30 分钟）放置室温下。
- 鸡蛋分离蛋黄与蛋白（参照 P132 的准备工作）。
- 模具涂上一层薄薄的黄油(分量外)，铺上烘焙用纸（参照 P20）。
- 烤箱预热至 180℃。

＊制作蛋糕坯

1 将蛋黄和细砂糖放入碗内，用电动打蛋器搅拌，直到发白、黏糊后，提起打蛋器，面糊呈彩带状流淌即可。

2 将变软的奶油芝士和黄油倒在另一个碗内，用电动打蛋器搅打呈奶油状后加入柠檬汁，继续搅拌。

3 加入1，用打蛋器搅拌之后，再加入牛奶搅拌。

4 筛入一半的粉类，用打蛋器轻轻混合表面的粉，混合好了之后，从底部往上用力翻拌。剩余的粉类按照相同步骤搅拌。

＊打发蛋白、与芝士混合

5 在另一个碗中内放入蛋白，用电动打蛋器搅打至蓬松后，加入细砂糖，充分打发至提起打蛋器能看到尖角为止。

6 分2~3次加入到4中。这时用打蛋器搅拌至表面的蛋白融合之后，将整个面糊从底往上翻拌。

＊倒入模具内

7 将面糊倒入模具中，模具从10cm左右的高度落下，以去除面糊中的空气。

＊放在烤箱内烘焙

8 将模具放在烤盘上，烤盘内倒入半盘清水，放入预热至150℃的烤箱烤制60分钟。烤完后放在金属网上散去余热，然后从模具中取出蛋糕。揭掉烘焙用纸，放在金属网上至完全冷却，可装在容器内放在冰箱内冷藏。

雷亚芝士蛋糕

减少糖份、
充分发挥清爽的柠檬风味。
为了达到爽滑的口感，
一定要充分混合材料。

材料（直径 15cm 活底圆形模具 1 个份）

芝士蛋糕坯

- 奶油芝士 …………………… 200g
- 细砂糖 ……………………… 50g
- 酸奶 ………………………… 100g
- 柠檬汁 ……………………… 1 大匙
- 鲜奶油（动物奶油）… 100mL
- 明胶片 ……………………… 1.5g × 3 片
- 白葡萄酒（或水）…… 1 大匙

饼干材料

- 饼干（全麦饼干）…… 40g
- 无盐黄油 ………………… 20g

※ 如果选用明胶粉，需 3.5g（1 小匙多一点儿）撒到 3 倍的水内浸泡。

准备工作

- 模具涂上一层薄薄的黄油（分量外），铺上烘焙用纸（参照 P4）。
- 用水将明胶片泡软。一片片分开放在水里，需全部浸没在水中。泡至一拽不会碎的程度即可。
- 奶油芝士切成 8~10 等份，用保鲜膜包裹，放在微波炉内加热 40 秒。用手指轻压能留下痕迹，说明软度最合适。

材料知识

全麦饼干

使用未去除小麦的胚芽和外皮的全麦面粉制作而成的全麦饼干。由于粉量多，适合用作坯底。

＊制作饼干坯

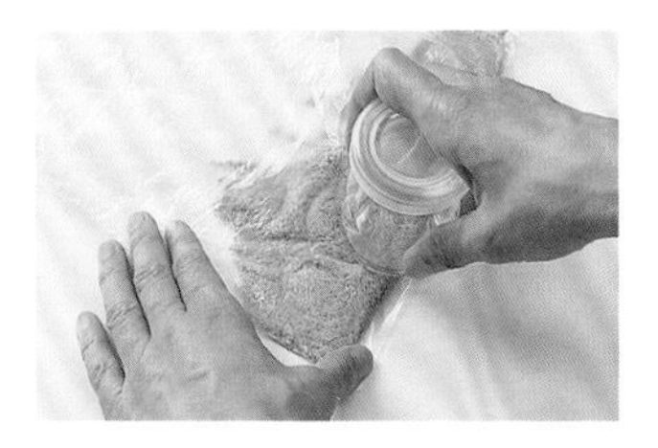

1 将饼干放入厚保鲜袋内，用空瓶或杯子敲打，捣成碎末。

2 黄油放入耐热容器内，用微波炉加热30分钟左右至熔化。加入捣碎的饼干，将黄油和饼干充分搅拌融合。

3 放入模具内，用勺子轻轻压实，保持厚度均匀。放入冰箱内冷却凝固至蛋糕坯制作完成为止。

＊制作芝士蛋糕坯

4 将奶油芝士放入碗中，用打蛋器搅拌至光滑。

5 分多次加入细砂糖，搅拌至有光泽为止。

6 加入酸奶，充分搅拌。

7 加入柠檬汁，充分搅拌。

8 加入鲜奶油，搅拌使其充满空气、蓬松、面糊整体呈现出光泽即可。

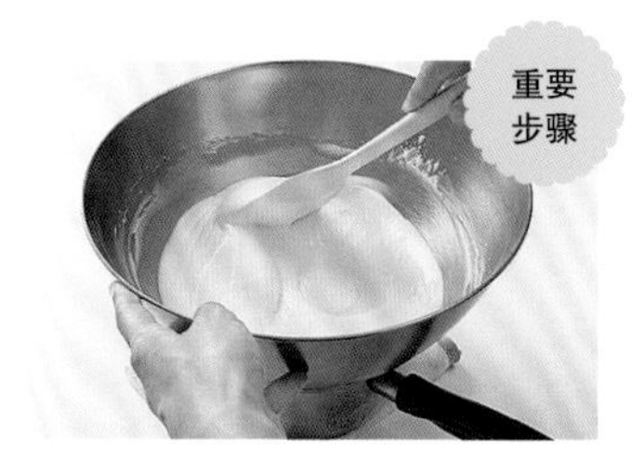

9 蛋糕坯太凉，会导致明胶不能顺利地融合，这时需要用打蛋器边搅拌边在碗底隔水加热（参照P171），蛋糕坯加热至跟人体温度接近时即可。

10 在较小的碗中倒入白葡萄酒，泡软明胶片控干水分后加进去，隔热水加热溶化。

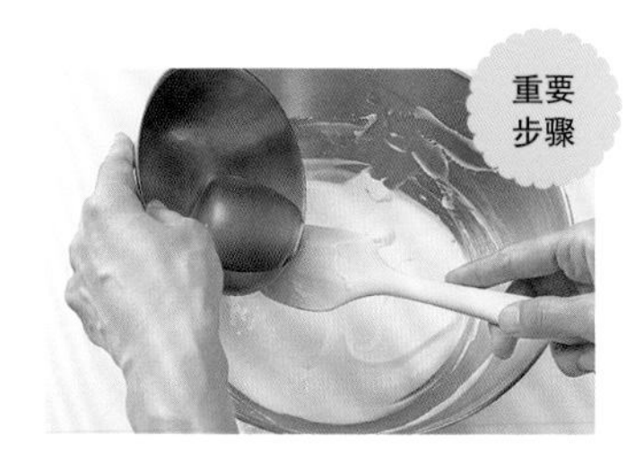

11 将10顺着硅胶铲倒入9。为了让明胶片充分混合，需要从底往上充分搅拌。

＊倒入模具内冷却凝固

12 将面糊倒入模具中。

13 用硅胶铲轻轻刮平表面，罩上保鲜膜放进冰箱冷却凝固2小时以上。

＊取出

14 抹布放入热水中，用筷子夹出，拧干水分。

15 将拧干的抹布包裹模具外侧，加热5秒左右，蛋糕变软后，按压模具底部，剥离侧面。

变换一下味道吧！

缤纷水果酱

下面介绍几款仅需混合材料、用微波炉加热即可制作而成的简单水果酱。

草莓酱

清淡的朗姆酒是属于成年人特有的味道！

材料（易操作分量）

草莓果酱……………50g
朗姆酒………………1/2 大匙
水……………………1/2 大匙

做法

所有材料放入碗内，覆盖上保鲜膜，用微波炉加热1分钟，取出冷却。

蜂蜜柠檬酱

清爽的柠檬与醇厚的蜂蜜绝妙搭配！

材料（易操作分量）

蜂蜜…………………50g
柠檬汁………………25g
柠檬果肉……………20g

做法

柠檬果肉切大块放入碗中，将剩下的材料一并放入充分搅拌。

猕猴桃酱

白葡萄酒让猕猴桃酱味道更加丰富！

材料（易操作分量）

猕猴桃………………100g
白砂糖………………30g
白葡萄酒……………3 大匙

做法

猕猴桃剥皮切大块放入耐热碗中，并将剩下的材料一并放入搅拌，覆盖上保鲜膜，用微波炉加热2分钟，取出冷却。

蒙布朗

基础蛋糕坯材料选用卡斯提拉或者
海绵蛋糕。
添加番薯后味道会更丰富，
到了秋天一定要尝试做一做。

材料（8~9个）

海绵蛋糕坯

- 鸡蛋 ……………… 1个
- 白砂糖 …………… 30g
- 牛奶 ……………… 1小匙
- 低筋面粉 ………… 30g
- 无盐黄油 ………… 10g
- 栗子甘露煮 ……… 3个

奶油栗子粉

- 番薯 ……………… 250g
- 奶油栗子粉 ……… 120g
- 无盐黄油 ………… 50g
- 细砂糖 …………… 30g
- 鲜奶油（动物奶油） 1大匙
- 白兰地 …………… 1大匙
- 牛奶 ……………… 适量

栗子甘露煮………… 4~5个

淡奶油

- 鲜奶油（动物奶油） …………………… 50mL
- 细砂糖 …………… 1小匙

喜欢的水果、香草、糖粉………………… 各适量

准备工作

- 鸡蛋和黄油、牛奶提前30分钟以上放置室温下。
- 将做海绵蛋糕坯用的黄油放入耐热容器里，不覆盖保鲜膜用微波炉加热20~30秒至融化。
- 栗子甘露煮切成5mm的小块。
- 参照P46准备裱花袋。
- 烤箱预热至180℃。

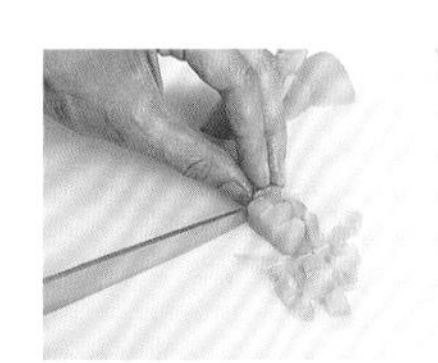

栗子要放入海绵蛋糕坯中，尽量切碎一些。

材料知识

栗子甘露煮

时令收获的栗子用糖水煮完后放入罐子里可保存一年。

奶油栗子粉

煮好的栗子过筛碾碎后，加入白糖煮成糊状的奶油。除了有加入香草和柑曼怡等香味的栗子粉之外，还有不添加任何香料的原味。可根据个人喜好选择。

＊烤制海绵蛋糕

1 将鸡蛋打入碗内，用打蛋器简单搅打一下，一次性放入白砂糖，搅拌直到完全混合为止。

2 白砂糖溶化之后，隔水加热（参照P172）。

3 用电动打蛋器高速打发成如照片所示的程度，用手指感觉一下，如果能感到温热即可移开热水。

4 继续搅打2~3分钟，搅打至提起打蛋器稀稀拉拉往下流的程度即可。最后低速打发1分钟去除大气泡。

5 用硅胶铲引导加入牛奶，用打蛋器搅拌。牛奶最好与鸡蛋保持相同温度，因此需事先从冰箱中取出。

6 筛入一半低筋面粉，用打蛋器搅拌至没有粉状物。由于木铲很难用于搅拌，这里必须使用打蛋器。

7 筛入剩余的低筋面粉，撒上切好的栗子块，用硅胶铲碾碎栗子的方式搅拌。

8 沿着硅胶铲加入熔化的黄油，从底往上用力翻拌。

9 倒入模具内，八分满。然后摆放在铺有烤盘纸的烤盘上，放入预热至180℃的烤箱中层烤制15分钟。用竹签插在中央，如果没有黏上生面糊就说明烤制好了。从烤箱内取出，放在模具内冷却。

＊制作奶油栗子粉

10 番薯切成三等份、洗净、包裹上保鲜膜，放入微波炉中加热2分钟。然后翻面继续加热2分钟，用竹签扎一下，如果番薯里面还很硬，继续加热1分钟。

11 等冷却到能用手碰的温度后，剥皮过筛。彻底冷却后会很难碾碎，务必趁热碾碎。过筛后的番薯重量控制在180g。

12 用硅胶铲将黄油搅拌光滑，加入细砂糖，继续搅拌。

13 白砂糖没有沙沙感之后，加入奶油栗子粉搅拌至光滑。

14 加入11的番薯、鲜奶油和白兰地，继续搅拌至光滑。

15 一边观察一边缓缓加入牛奶。一直调整成容易挤的程度（如下侧照片所示）。

＊润饰

16 另一个碗内加入制作淡奶油的鲜奶油和细砂糖，并用打蛋器搅打至可以用勺子舀起来的程度为止。

17 待9的海绵蛋糕冷却后，从模具中取出倒扣在案板上。

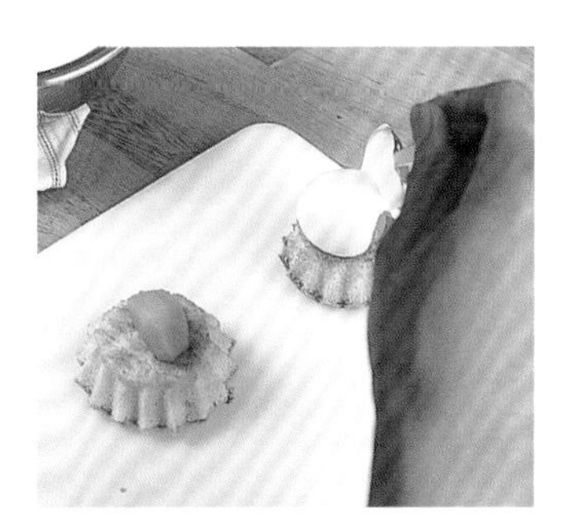

18 将切半的栗子放在17上，再用勺子舀上16的淡奶油。

19 将15的奶油栗子粉装在细口裱花嘴的裱花袋内（参照P108~P109的步骤6~7），沿着海绵蛋糕边缘挤成漩涡状。最初先试着挤出2cm左右，如果能挤成漩涡状即可。根据自己喜好可以装饰上一些水果或香草（图片选用的是野生蓝莓和薄荷叶），最后筛上糖粉。

享受只有亲手制作才能
品尝到的香脆外皮！

泡芙

泡芙在法语中的是卷心菜的意思，
因为外形相似而得名。
看上去好像很难制作，其实只要掌握诀窍就没问题了。
一边观察面糊一边加入鸡蛋，
烘焙过程中千万不能打开烤箱。

三种新口味的奶油

微酸、清爽的酸奶奶油（图片上）、散发着芝士香气的芝士奶油（图片中）、人气最高的焦糖风味的焦糖卡仕达奶油（图片下），制作方法参照P47。

材料（16个份）

泡芙外皮

- 无盐黄油 ………… 40g
- 鸡蛋 ………………… 2个
- 水 …………………… 50mL
- 牛奶 ………………… 50mL
- 盐 …………………… 一小撮
- 白砂糖 ……………… 1/2小匙
- 低筋面粉 ………… 50g

卡仕达奶油

- 牛奶 ………………… 300mL
- 香草豆荚（参照P132）………………… 5cm（或者香草精少量）
- 蛋黄 ………………… 3个
- 白砂糖 ……………… 60g
- 低筋面粉 ………… 25g

鲜奶油（动物奶油）… 100mL
白砂糖……………… 7g

准备工作

- 鸡蛋提前1小时（夏季30分钟）放置室温下。
- 低筋面粉过筛。
- 烤盘铺上烤盘纸。
- 烤箱预热至200℃。

＊制作泡芙面团

1 将黄油切成边长1cm小块，鸡蛋搅打成全蛋液。

2 厚底锅内加入水、牛奶、盐、白砂糖、黄油，开中火。加热至黄油溶化，锅完全沸腾。

3 暂时熄火，一次性加入全部低筋面粉。

4 用硅胶铲快速搅拌至没有粉状物。

5 再次开中小火，不断搅拌避免烧焦，大约加热20秒。揉成一块面团之后，最好去除锅底的膜。

＊一点点加入鸡蛋

6 将面团转移至碗中，加入一半蛋液，搅拌。搅拌光滑后，再加入剩下的一半蛋液，搅拌。最后一点点倒入蛋液，同时充分搅拌。如果一口气倒入全部蛋液，面团会变得过于粘软。加到剩下1/4蛋液时，注意面糊黏稠度调整用量。

7 如果舀起一大块面糊，面糊往下流的时候呈三角形的话，就可以不用继续添加剩余的蛋液了。

＊在烤盘上挤出面糊、烘焙

8 将面糊装在安有直径1cm裱花嘴的裱花袋内（参照P46）。间隔保持3cm，挤出直径大约5cm大的圆形。拿起烤盘轻敲底部，让面糊表面平整。黄油冷却后，会比较难膨胀，尽量趁热烘焙。

9 在面糊表面喷一层水。放进预热至200℃的烤箱内烤制15分钟，等完全膨胀，开始有黄褐色时候，温度调低至180℃再烤10~15分钟。烤到产生裂痕并完全变成黄褐色后即可。如果水分残留时碰到冷气，面团会瘪下去，烘焙途中不要打开烤箱。

10 烤完之后从烤箱内取出，放在烤盘上冷却。

＊制作卡仕达奶油

11 牛奶倒入厚底锅中。把香草豆荚纵切开取出种子，连带着豆荚一并放进锅内，开中火加热直至沸腾前（锅边产生气泡时即可）。

12 在碗中放入蛋黄和白砂糖，用打蛋器搅拌至变白为止，随后加入过筛的低筋面粉粗略地搅拌一下。

13 加入11的1/4量，搅拌，然后加入剩下的11再次搅拌均匀。接下来过滤到锅内，为了避免焦糊，开中火用打蛋器或木铲不断搅拌锅底。

14 锅底嘟嘟冒泡之后，再继续搅拌1分钟，待完全煮熟。火候不够时，就不会有松软的口感。但是如果过于黏，很容易焦糊，所以要小心掌握火候。

15 感觉奶油变稀、有光泽即可关火。

16 快速移至平底盘内并摊平，表面覆盖上保鲜膜，底部隔冰水冷却。

＊制作奶油

17 将鲜奶油和白砂糖放入碗中，搅打至九分发泡（提起打蛋器奶油不会落下的程度即可），加入卡仕达奶油（如果是提前制作冷却后稍硬需搅拌至柔软），用硅胶铲搅拌。

18 泡芙完全冷却后，用刀横着切成两半。用勺子将17的奶油大量涂抹在切好的横面上。按照下述方法挤出，效果更完美。可根据喜好撒一些糖粉（分量外）。

裱花袋的使用方法

不仅是泡芙面糊，用来挤奶油也十分方便。

请务必不要忘记装上裱花嘴。

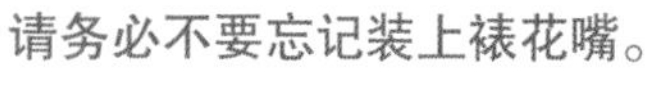

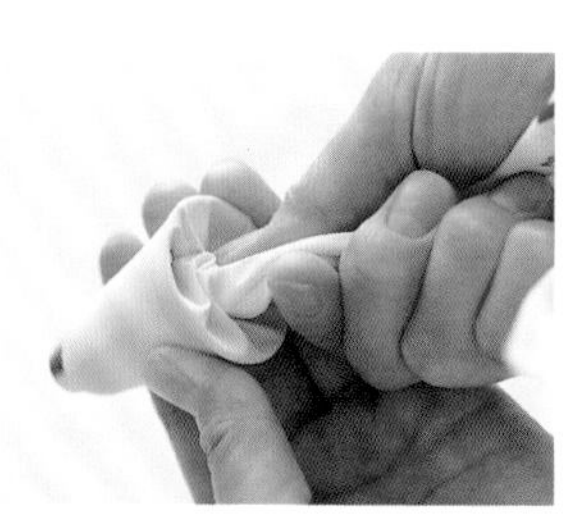

1 将裱花袋装上裱花嘴，装成裱花嘴只露出1/3即可。为了防止奶油流出，将裱花嘴向上拧一下，然后紧紧塞到裱花嘴内。

2 放在有一定高度的容器内，将裱花袋翻折在容器外侧，方便装入奶油。

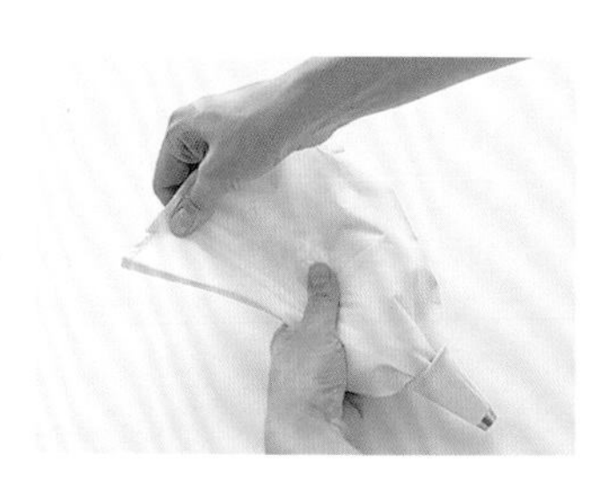

3 将奶油向裱花嘴的方向推。捏住开口不让奶油流出来。拉住裱花嘴并将塞入的部分拉出。一只手拿着裱花袋，另一只手放在裱花嘴附近挤出奶油。

不同风味的泡芙

改变一下奶油，享受不一样的美味。

下面介绍爽口、浓厚、微苦三种口味奶油的制作。

酸奶奶油

材料（16 个份）

酸奶………… 300g
白砂糖……… 40g
鲜奶油……… 300mL

做法

碗上搭上笊篱并铺上厨房用纸，倒入酸奶，放入冰箱冷藏 2 小时去除水分。扔掉渗出的水分，另取一个碗放入白砂糖、鲜奶油、酸奶，搅打至九分发泡（提起打蛋器奶油成团不落下的程度即可），然后填到泡芙内。

芝士奶油

材料（16 个份）

奶油芝士…… 100g
牛奶………… 450mL
蛋黄………… 4 个量
白砂糖……… 90g
低筋面粉…… 30g
柑曼怡……… 1 小匙

做法

将奶油芝士切成 1cm 的小块放入厚底锅内，倒入牛奶开小火加热。搅拌至芝士融化，加热至沸腾前。参照 P45~46 步骤 12~16 的卡仕达奶油的制作方法制作。步骤 15 关火后，根据喜好可加入柑曼怡，然后填入泡芙中。

焦糖奶油

材料（16 个份）

焦糖用白砂糖… 80g
牛奶…………… 450mL
蛋黄…………… 4 个量
白砂糖………… 90g
低筋面粉……… 30g

做法

将焦糖用白砂糖和一大匙水放入厚底锅内开中火加热，搅拌使其变成均匀的焦糖色。然后关火，一点点加入牛奶并搅拌。开小火搅拌融化焦糖。参照 P45~46 步骤 12~16 的卡仕达奶油的制作方法，最后填入泡芙中。

草莓派

松脆且香气十足的派皮与酸甜可口的草莓十分搭配，外观也十分可爱。看起来很难制作的派皮，裹上保鲜膜不但可以确保皮不会碎，而且还方便放入模具内。下面还会介绍一种将多余的派皮往内侧折，不会露出多余派皮的方法。

材料
（直径 18cm 的派盘 1 个）

派皮

- 低筋面粉 ………… 80g
- 杏仁粉（带皮）… 20g
- 细砂糖 …………… 30g
- 无盐黄油 ………… 40g
- 全蛋液 …………… 1 大匙（15g）

全蛋液……………… 适量

杏仁奶油

- 低筋面粉 ………… 2 小匙
- 杏仁粉（带皮）… 40g
- 黄砂糖 …………… 45g
- 无盐黄油 ………… 30g
- 全蛋液 …………… 30g
- 朗姆酒 …………… 1 小匙

草莓果酱

- 草莓（小粒）…… 150g
- 细砂糖 …………… 70g
- 柠檬汁 …………… 1 小匙

草莓（小粒）……… 约 1 袋

准备工作

- 黄油和鸡蛋提前 1 小时（夏季 30 分钟）放置室温下。鸡蛋打好后，分别计量出制作派皮和杏仁奶油的用量。
- 杏仁粉摊放在平底盘上，放入预热至 100℃烤箱内烘烤 10 分钟，取出冷却。
- 模具涂上黄油。模具内侧涂抹上变软的黄油（分量外），一定要将模具锯齿状纹路也仔细涂抹上。
- 制作派皮用的低筋面粉和杏仁粉一并过筛。

＊制作派皮

1 将软化的黄油放入碗内，用打蛋器搅拌。搅打成奶油状后，加入细砂糖，再次搅拌。

2 整体变白之后，一点点加入蛋液，用打蛋器继续充分搅拌。

3 鸡蛋搅拌好后，分2~3次筛入已经过筛的粉类。

4 用硅胶铲简单翻一遍后，贴着碗底刮干净面糊，充分搅拌。面糊开始成块时就可以停止搅拌，用手揉成一面团。

＊擀派皮

5 将面团修整成直径10cm左右的圆饼形，用边长30cm的2张保鲜膜夹起来。

6 擀面团时，擀面杖前后移动，保鲜膜按顺时针方向一点点移动。关键点擀面杖需要擀到面团边缘处，保证派皮厚度均匀。

7 如果中途面团不容易擀开，可以揭开保鲜膜，展平褶皱，再盖上保鲜膜。

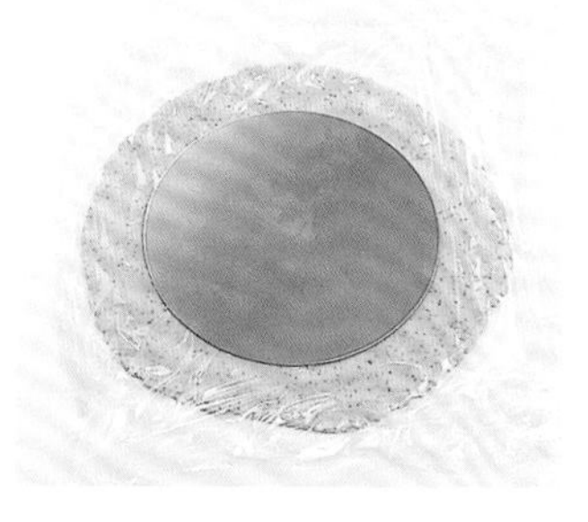

8 将面团擀制成比派盘底大一圈，直径23cm的圆饼。擀制过程中可以拿派盘比量一下大小。擀完后将面团放在冰箱内冷藏10~15分钟，使其松弛。

＊将面糊放入模具

9 揭开一面保鲜膜，没有保鲜膜的一面冲下放入模具中。剩下的保鲜膜支撑着薄薄的派皮，可以将派皮毫无破损地填入模具中。

10 首先铺平盘底的派皮，然后用指尖一点点按压，使其牢牢嵌在模具内。

11 揭掉保鲜膜，将从模具的边缘多出的派皮往内侧折。如果多处的部分较多，可以直接切掉，将边缘捏薄，保证派皮整体厚度一致。

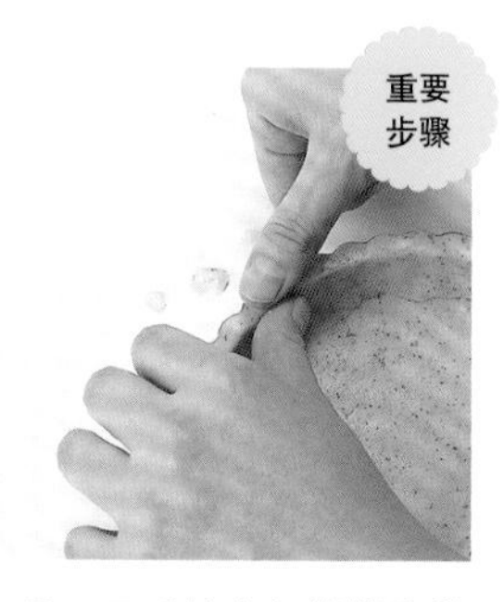

12 用一只手的大拇指指腹从上面按压使边缘的派皮向内侧折，同时用另一只大拇指指腹按压侧面，整理好形状。这时候会有多余的派皮突出来，可以利用模具的侧面，用手指刮掉即可。

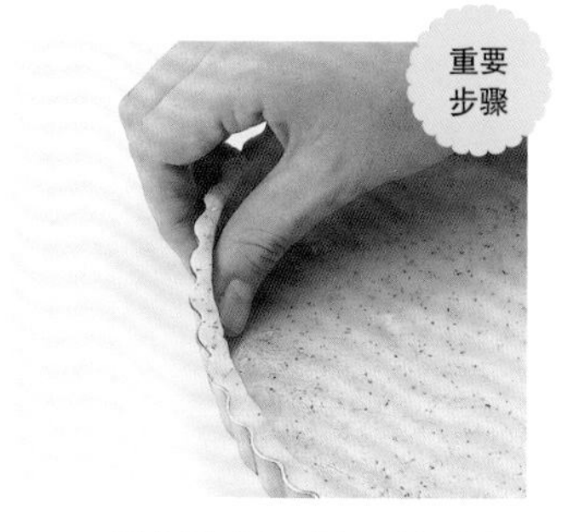

13 用指腹轻压侧面的派皮，让派皮高出模具2mm左右。派皮侧面修整得好，可以防止烘焙时回缩。然后放到冰箱内松弛20分钟。

＊干烤面坯

14 用叉子在派皮底部戳一些气孔，防止烤制的时候派皮鼓起来。用刷子在派皮边缘薄薄涂上一层全蛋液。

15 将派皮放在烤盘上，放入预热至180℃的烤箱烤制10~12分钟，烤至边缘上色为止。连同模具一并放在金属网上冷却。

＊制作杏仁奶油

16 烤箱预热到180℃。将软化的黄油和黄糖放入碗内，搅拌至变黏稠为止，并将蛋液一点点加入，进一步搅打。

17 加入杏仁粉，用硅胶铲搅拌至粉状物消失。筛入低筋面粉，搅拌均匀。然后加入朗姆酒，继续搅拌。

＊烘焙

18 待派皮彻底冷却后，倒入杏仁奶油。仔细摊平整个派盘。

19 将派皮放在烤盘上，放入预热至170℃的烤箱烘焙15~20分钟，直至杏仁奶油烤成恰到好处的金黄色。连同模具一并取出，放在金属网上冷却。

＊制作草莓果酱

20 草莓洗净去蒂，切成圆片加入细砂糖，一起放在耐热碗内，覆盖上保鲜膜，用微波炉加热3分钟，然后取出。加入柠檬汁，充分搅拌。不覆盖保鲜膜加热7~8分钟，至果肉清透，果酱变稠糊为止。

＊润饰

21 待果酱冷却后，用勺背涂抹在派的表面上，可以多涂一些。剩下的草莓酱可以装在干净的瓶子里，放在冰箱内保存。

22 草莓洗净用布拭干水分，切掉草莓蒂，随意码放在果酱之上。可以留几个带蒂的草莓做装饰，也可根据个人喜好撒上少许糖粉（分量外）。

水果挞

看到这么可爱的水果挞，总会情不自禁地冒出“装饰着缤纷水果的小型水果派，真想做给大家尝一尝！”的想法。让卡仕达奶油口感更细滑的秘诀就是不停搅拌，而且一定要加热到奶油变稠糊。

制作、擀薄派皮

1 参照P49步骤1~4，制作派皮。用手将面揉成一团，用2张保鲜膜夹起来，再用擀面棒擀制成厚3mm左右（参照P50步骤6~7）。

材料
（直径7.5cm的蛋挞模5个）

派皮

- 低筋面粉 ………… 80g
- 杏仁粉（带皮）… 20g
- 细砂糖 …………… 30g
- 无盐黄油 ………… 40g
- 全蛋液 …………… 1大匙（15g）

全蛋液……………… 适量

卡仕达奶油

- 低筋面粉 ………… 20g
- 细砂糖 …………… 70g
- 蛋黄 ……………… 2个
- 牛奶 ……………… 200mL
- 樱桃酒（参照P4）… 1/2小匙

鲜奶油……………… 50g

水果、糖粉………… 各适量

准备工作

- 鸡蛋提前1小时（夏季30分钟）放置室温下。
- 杏仁粉摊平在平底盘上，放在预热至100℃烤箱内烘烤10分钟，取出冷却。
- 模具涂上薄薄一层黄油（分量外）。
- 用于制作派皮的低筋面粉和杏仁粉一并过筛。
- 用于制作卡仕达奶油的低筋面粉过筛。
- 烤箱预热至190℃。

＊将派皮放入模具内

2 将面坯切成比模具略大、直径10cm左右的圆饼，放入模具内。挤出来的面坯向内侧翻折按压到侧面（参照P50步骤10~11）。

3 用双手拇指指腹从上面按压、整形，去掉多余的派皮。最后用指腹轻压侧面的派皮，让派皮高出模具2mm左右。然后放到冰箱内松弛20分钟。

＊干烤派皮

4 用叉子在派皮底面戳若干个气孔。并用刷子在派皮边缘涂上蛋液。放在烤盘上，放入预热至180℃的烤箱烘烤10~12分钟至派皮边缘上色。然后，连同模具一并取出放在金属网上冷却。

＊制作卡仕达奶油

5 将蛋黄放入碗中，用打蛋器搅打，加入细砂糖搅拌至颜色发白为止。

6 筛入已过筛的粉类，用打蛋器搅拌至没有粉状。

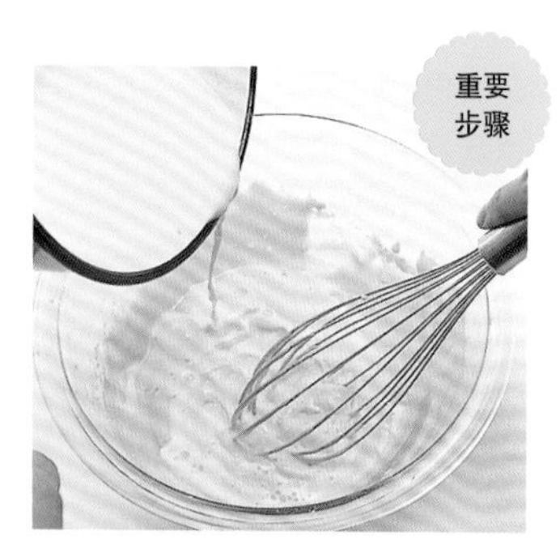

7 牛奶倒入锅中，开中火加热至沸腾前，用打蛋器搅拌步骤6，一点点加入牛奶，搅拌至细滑。

8 过筛至盛牛奶的锅中。这样奶油口感会更加细滑。

9 开中火，木铲不停搅拌防止烧焦，尤其锅底角落很容易烧焦，需要仔细搅拌。

10 变黏稠之后，加快速度充分搅拌。如果渐渐变硬、还有一些弹性，说明火候不够，这时如果直接关火，做好的奶油容易松散。

11 煮沸后，迅速搅拌，搅拌成细腻、柔滑状态即可。舀起来如果奶油不挂勺就可以关火了。趁热倒在平底盘上，用保鲜膜密封。

12 等余热发挥后放入冰箱冷藏。冷藏到可以从平底盘上剥下来的硬度就可以揭开保鲜膜，然后用硅胶铲盛到碗内。

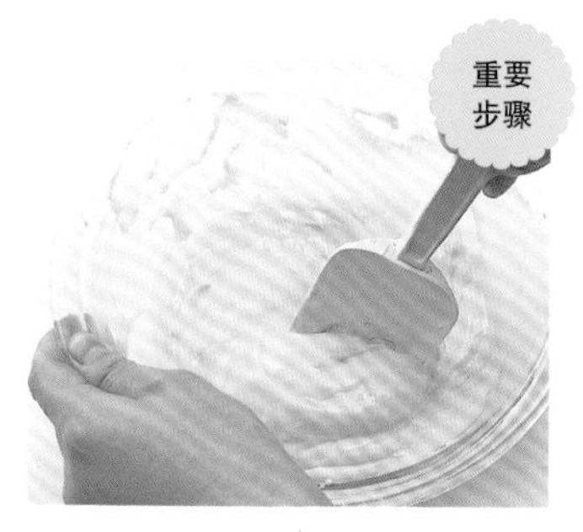

13 用硅胶铲搅拌到如照片所示细滑的程度。这样与鲜奶油混合时不变结块。

14 加入樱桃酒，搅拌均匀。也可用朗姆酒替代。

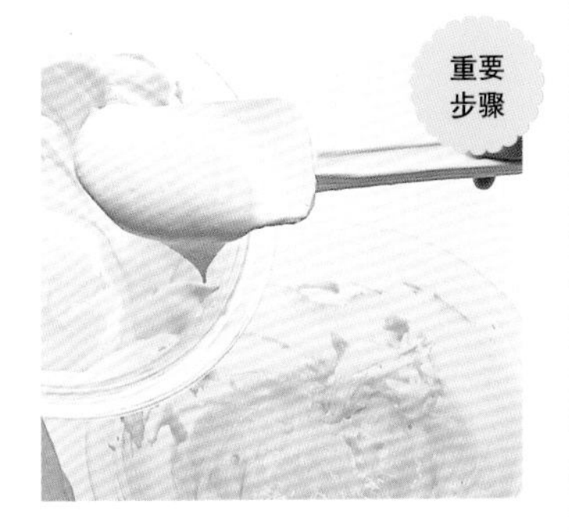

15 取另一个碗放入鲜奶油，碗底隔着冰水冷却，用打蛋器六分打发（参照P171）。分2~3次加到步骤14内，搅拌至细滑。

*润饰

16 将奶油均匀抹在步骤4的派皮上，可参照右侧介绍装饰上喜欢的水果。

装饰上喜欢的水果！

葡萄

洗净去皮，切成两半、去籽、码放。

蓝莓・木莓

由于很容易被碰坏，务必轻轻清洗或用刷子扫掉表面灰尘。最后可根据喜好撒上一些糖粉。

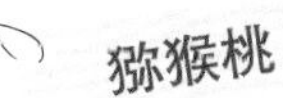

猕猴桃

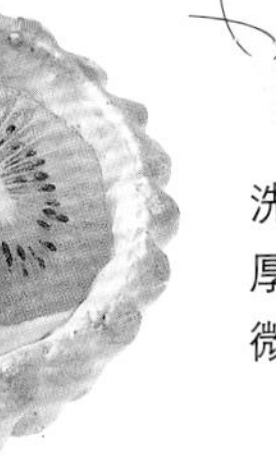

洗净去皮，切成3~4mm厚度的圆片。摆放时稍微重叠，增强立体感。

草莓

洗净、拭干水分，然后去蒂，切成两半，切面朝上摆放。

洋梨派

这是一款加入足量杏仁奶油烘焙而成、口味丰富的派。
除了洋梨，还可以使用杏罐头或者黄桃罐头制作。
为了突显杏仁奶油的香味，需要清除干净水果上面的糖浆。

材料

（直径18cm的圆形派模具1个）

派皮

- 低筋粉 …………… 80g
- 杏仁粉（带皮）…20g
- 细砂糖 …………… 30g
- 无盐黄油 ………… 40g
- 蛋液 ……………… 一大勺（15g）

蛋液…………………… 适量

杏仁奶油

- 低筋粉 …………… 10g
- 杏仁粉（带皮）…80g
- 黄糖 ……………… 50g
- 无盐黄油 ………… 60g
- 鸡蛋 ……………… 1个
- 朗姆酒 …………… 2小勺

洋梨罐头（纵切两半）

…………………………… 3个

糖粉…………………… 适量

准备工作

- 鸡蛋需提前1个小时（夏季提前半小时）放置室温下。搅打成蛋液。
- 杏仁粉用擀面杖等摊开，放在预热至100℃的烤箱内烤制10分钟，然后冷却。
- 模具抹上一层薄薄的黄油（分量外）。
- 制作派皮的低筋面粉和杏仁粉过筛。
- 去除洋梨表面的糖浆，将其切成四等分的月牙形。
- 烤箱预热至190℃。

1 制作派皮。将黄油和细砂糖放入碗内，用打蛋器打发黄油，然后每次加入少量蛋液，继续用打蛋器搅拌（参照P49步骤1~2）。

2 分2~3次筛入已过筛的粉类，用硅胶铲搅拌。搅拌时，铲子贴紧碗底，以便充分搅拌（参照P49步骤3~4）。

3 揉成面团，然后用两块边长30cm的正方形保鲜膜包住。接着，隔着保鲜膜用擀面杖将面坯擀成直径23cm的圆形（参照P49~50步骤5~8）。

4 去除面坯一侧的保鲜膜。按照P50步骤9~14的要领整形，派皮底部叉上一些小孔，边缘涂上少许蛋液。

5 放入预热至180℃的烤箱烤10~12分钟，然后冷却。

6 制作杏仁奶油。将黄油和黄糖放入碗内，充分搅拌着融化，然后依次少量加入蛋液。依次加入杏仁粉、低筋面粉、朗姆酒，充分搅拌均匀（参照P51步骤16~17）。

7 将杏仁奶油倒进派皮内，摊平（参照P51步骤18）。洋梨呈放射状摆放（ⓐ）。

8 放入预热至170℃的烤箱内，烤30~35分钟，烤至杏仁奶油呈金黄色即可出炉。放在烤网上冷却，表面筛上糖粉。

ⓐ

去除罐头水果表面的糖浆，也不会影响口感。洋梨摆放间距保持一致，更美观。

酥脆的派皮与甘甜绵
软的苹果完美搭配

苹果派

下面介绍一款初学者也可以轻松操作的
美式派皮的做法。
黄油切碎，筛入粉类，连碗一同冷藏，
保证派坯充分松弛。

材料
（直径 18cm 的派盘 1 个）

派皮

- 高筋面粉 ………… 120g
- 低筋面粉 ………… 120g
- 食盐 ………………… 一小撮
- 无盐黄油 ………… 150g
- 冷水 ………………… 100–120mL

派馅

- 苹果 ………………… 4 个（1kg）
- 砂糖 ………………… 100~120g
- 柠檬汁 …………… 1 汤匙
- 肉桂粉 …………… 少许

面包粉……………… 40g
表面用蛋液………… 1 个鸡蛋量

准备工作

- 将高筋面粉、低筋面粉、食盐一并筛入到碗内。
- 黄油切成 1cm 的小块，放入盛着粉类的碗内中央，然后将碗放入冰箱内冷藏 30 分钟。

材料知识

苹果

红玉、金香、富士等酸味适中的苹果非常适合制作各类点心。注意选择新鲜、硬实的苹果。如果选择绵软的苹果，一煮就碎了，不建议使用。

苹果派散发着美国妈妈的味道

据说，派自罗马时代就有了，但当时多是肉馅派。也有说中世纪的英国开始烤制水果馅的派。后来，从英国移居到美国的清教徒在新大陆开始栽培苹果树，渐渐地用苹果制作而成的苹果派成为美国家庭的代表性点心。而且，感恩节大餐上必有苹果派的身影，所以说，美国妈妈的味道非苹果派莫属。

＊制作派皮

1 取出冷藏的碗，迅速边撒面边将黄油切碎。

2 黄油切成黄豆大小后，加入冷水。用刮板边切边搅拌，让粉类都沾上水。

3 碗底如果还有多余的干粉，可以再加入少量冷水，然后再次搅拌。整体呈现干巴巴的状态就可以了。

4 用手将其揉成面团，保鲜膜裁剪稍大些，小心包裹好面团，用擀面杖擀成四方形，放在冰箱内冷藏1~2小时。

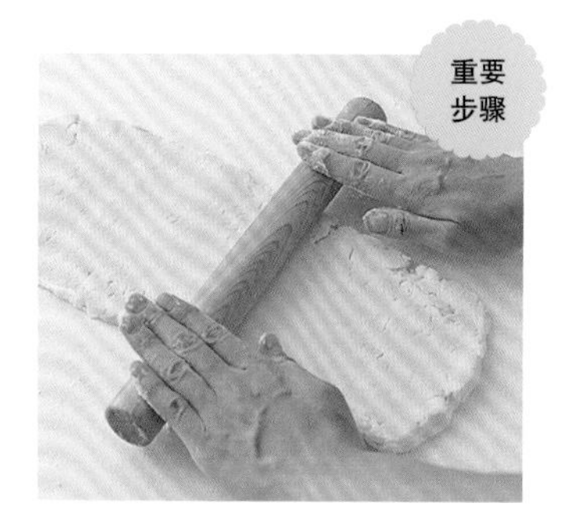

5 取出面团，操作台上撒少量干粉，用擀面杖擀成15cm×40cm的长方形。室温较高时，黄油就会很快融化，如果发现有些粘手，就赶紧放入冰箱内冷藏。

6 如果面坯上粘有太多干面粉，可以用刷子拂去。然后将面坯从上下1/3处对折，折三折。

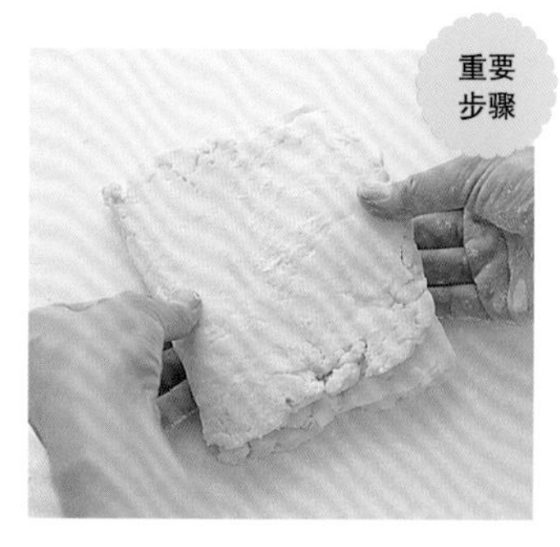

7 旋转90°，用擀面杖擀成15cm×40cm的长方形，再折三折。用保鲜膜包裹后放在冰箱内冷藏30分钟以上。然后再重复两次步骤5到步骤7，最后将面坯用保鲜膜包裹冷藏1小时以上，最好冷藏一夜。步骤是繁琐，但是充分冷藏后，分层效果较好。

＊制作派馅

8 将苹果按照8~12等分，切成月牙形，去皮、去芯，然后放入厚底锅内。加入砂糖，搅拌均匀后，开大火煮。

9 不时用铲子搅拌，苹果变柔软，渗出水分后，加入柠檬汁。继续搅拌，煮干水分。用笊篱捞出苹果，沥干水分，撒上肉桂粉。

＊烤制苹果派

10 将经步骤7处理过面坯分成两半，一半放回冰箱内。操作台撒上干粉（分量外），将派皮擀均匀，比派盘大一圈。

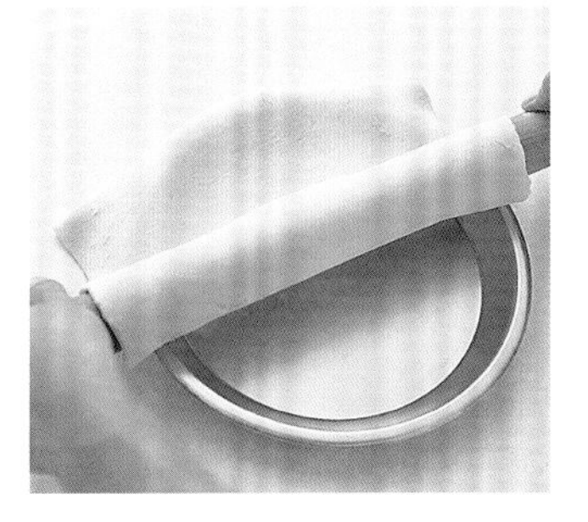

11 用撒过干粉的擀面杖卷起派皮，然后铺在派盘内，用刷子拂去多余的干粉。

12 整理派皮，将其紧紧贴合派盘。用手指按压派盘边缘的派皮。

13 派皮内均匀撒上面包粉，然后铺上煮好的苹果。

14 将另一半面坯从冰箱内取出，擀成边长20cm的四方形。然后切成13~14根宽1.5cm的长条。

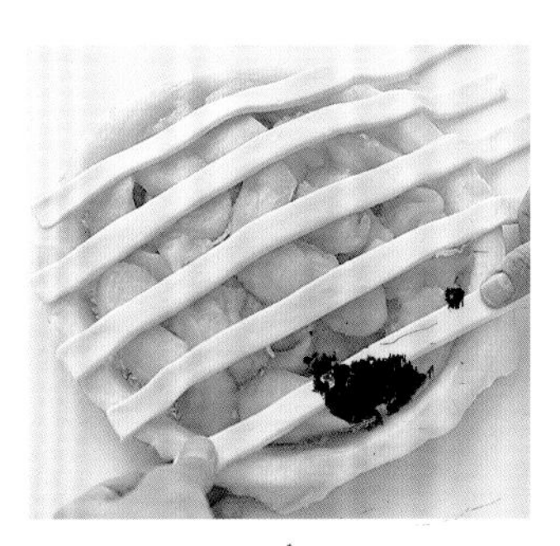

15 派盘边缘刷上蛋液。将步骤14切好的五根长条等间距摆放在派盘上，边缘用力按压。用刀切掉多余的部分。

可以不用切派皮直接铺在馅上

上述步骤14中是将剩余的派皮切成长条，再编成图案，这样能让苹果派看上去更好吃，但是太麻烦。其实还有一种方法是，选用自己喜欢的模具，把派皮压成不同的形状，将其码放在派盘上。使用这种方法时，需要用手指把派盘边缘的派皮按压牢固，然后均匀涂抹上蛋液。在英国有些地方还直接将煮好的苹果倒入铺好派皮的派盘内，然后铺上整块剩余的派皮，再用叉子插满小孔，这种方法更为简便。

16 边缘涂上蛋液，然后再拿5根长条等间距交叉摆放，按压边缘。

17 单手托起派盘，切除边缘多余的部分。边缘涂抹上蛋液，将步骤14切好的长条沿派盘边缘铺一圈，用手指按压牢固，然后切去多余部分。放在冰箱内松弛30分钟，这期间可将烤箱预热至200℃。

18 派坯表面涂抹上蛋液，为了避免影响派皮出层效果，侧面不要沾上蛋液。放入预热至200℃的烤箱内烤60分钟，如果烤制中途发现有烤焦部位，可以盖上铝箔纸后，把烤箱温度调至180℃。边缘烤成焦黄色后，苹果派就算烤好了。

第二章

精致烘焙小甜点

从曲奇饼干到磅蛋糕，
集合了各类可以充分发挥烤箱功能的烤制点心。
零失败的配方即使初学者也可简单操作。
每一款点心均可储存数日，您可将点心精心包装赠与亲友。
烘制时喜悦、等待出炉时的激动一定也会传达至亲友手里。

按照顺序制作，
既美观又简单

冷冻曲奇饼干

条纹、方格、漩涡状花纹……看上去好复杂呀！好难做！
NO! 只需要准备好白色的面坯和可可粉面坯，
之后就只需要切、重叠、卷等简单工序就可以制作完成。
体验着流水线般的简单过程，很快美味的曲奇饼干就做好了！

剩下的面坯也不要浪费哦

将制作条纹、方格剩下的白色面坯与可可粉面坯揉到一起，又可制作出一款曲奇。多余的面坯不会浪费，又可制作出花纹可爱的曲奇，可以说是一箭双雕。

装到纸袋中，袋口装饰上纸花，赠送亲友

精美装饰一番可以当作礼物赠送给亲友。为了避免曲奇受潮，袋内可装入干燥剂，常温保存。

冷冻曲奇饼干的制作方法

材料（40片量）

无盐黄油…………… 120g
糖粉………………… 80g
蛋黄………………… 2个
低筋面粉…………… 100g
A［低筋面粉……… 80g
　 可可粉（无糖）… 20g
柠檬皮……………… 半个
干粉（高筋面粉、低筋面粉均可）………… 适量

准备工作

- 将鸡蛋依次打入小容器内，用手捞出蛋黄，分离蛋白（参照P132）。
- 黄油与蛋黄需要提前30分钟放置室温下。
- 烤箱预热至180℃。

＊制作双色面坯

1 柠檬皮白色部分有苦味，所以只擦表皮。普通柠檬可用洗碗布使劲擦洗，清洗干净防腐剂后方可使用。

2 用木铲将已经变软的黄油轻轻压碎。

3 分2~3次加入糖粉，充分搅拌均匀。

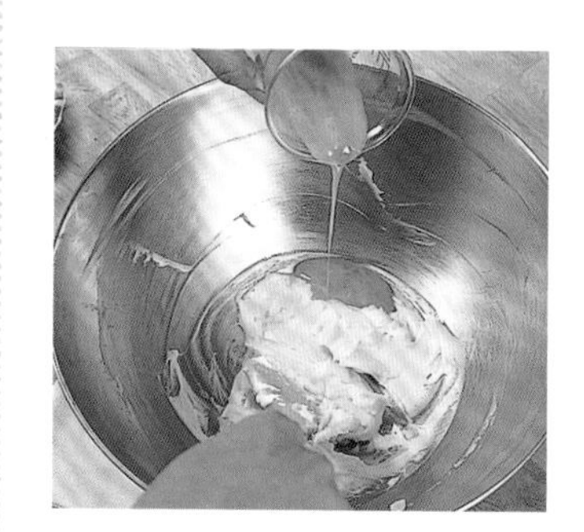

4 依次少量加入搅拌好的蛋液，充分搅拌成奶油状。

＊将材料分成两份，制作双色面坯

5 将材料分成两份，分别放入碗内。

6 一份材料内筛入低筋面粉。

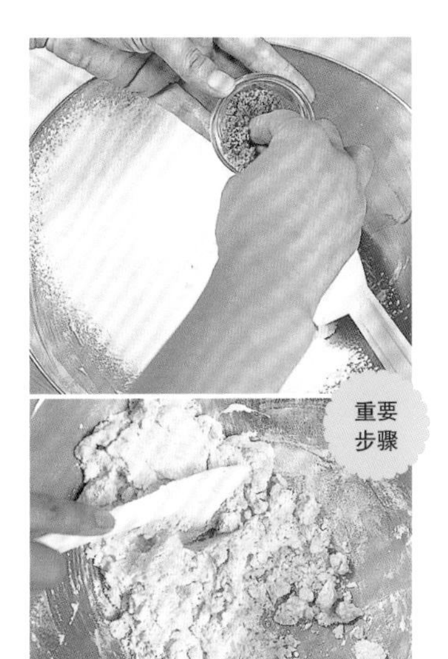

7 加入柠檬皮，用硅胶铲充分翻拌，直至均匀混合。

8 搅拌成形后倒入保鲜袋内。

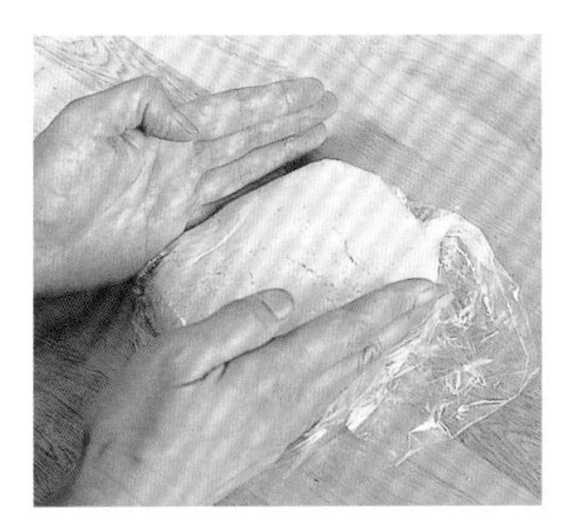

9 整理成15cm×18cm的长方形，放进冰箱内冷冻一小时。

10 将材料A一起筛入到另一份面坯内。

11 与白色面坯一样将面糊倒入保鲜袋内，整理成长方形后放进冰箱内冷冻一小时。

12 从冰箱内拿出的面坯较硬，不容易擀。现将两块面坯摆放在一起，用擀面杖轻轻敲打成扁平状。

13 案板上撒上干粉（参照P171），放上面坯，擀面杖也抹上少许干粉，分别将面坯擀成1cm厚。

＊制作条纹和方格曲奇

14 将白色面坯和可可面坯边角切除，整理好形状，然后切两根宽1cm的条状面坯。为了避免剩下的面坯变干，装进保鲜袋内，放在冰箱内保存。

15 用刷子蘸水刷在可可面坯上，然后摞上白色面坯，牢牢黏住。

16 黏合后的面坯从中间一分两段。

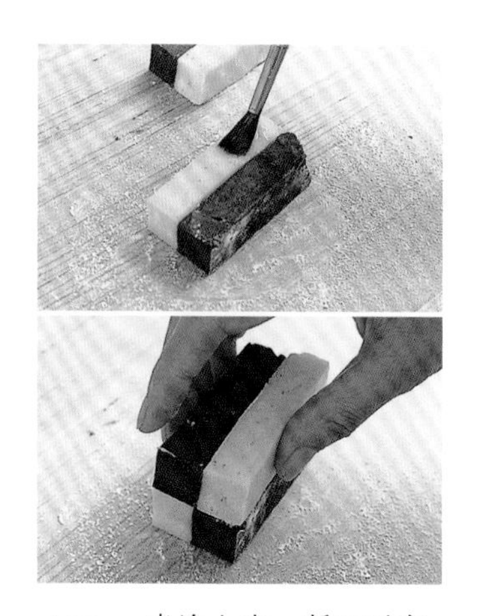

17 一半涂上水，断面对齐，上下白色面坯与可可面坯错开颜色叠放，牢牢黏住。用保鲜膜裹住，放在冰箱松弛20分钟。

18 按照步骤15再切一组条状面坯，面坯上刷上水，纵向叠放，用保鲜膜裹住，放在冰箱松弛20分钟。

＊制作漩涡状曲奇

19 将步骤14剩下的两色面坯放在撒有干粉的案板上，用擀面杖擀成厚5mm的薄片。将可可面坯切成比白色面坯短2cm的长方形。

20 白色面坯在下，可可面坯在上，叠放整齐后，卷成漩涡装，然后再用保鲜膜裹住，放在冰箱松弛20分钟。

＊切曲奇坯

21 分别将面坯切成厚5mm的薄片。

＊用剩余面坯制作曲奇

22 案板上撒少许干粉，将剩余的面坯揉到一起。

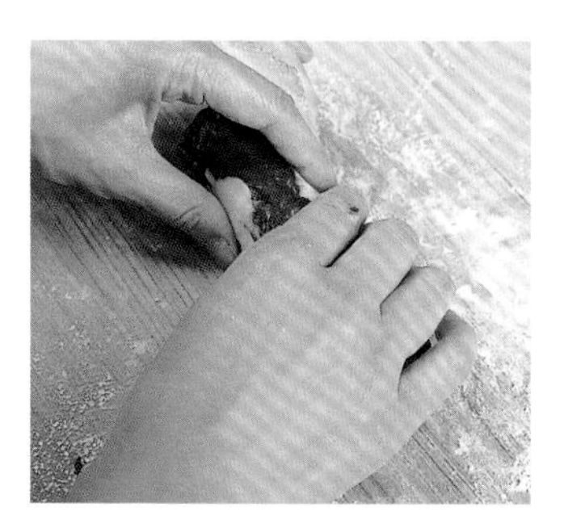

23 揉成光滑面团后，将面坯整理成直径约3cm的棒状。用保鲜膜包裹放入冰箱内松弛20分钟，切成厚5mm的薄片。

＊用烤箱烤制

24 将切好的曲奇摆放在已经铺好烤箱纸的烤盘内，放入预热至180℃的烤箱中层烤制15分钟。

25 将烤好的饼干放在冷却架（金属网）上完全冷却，与干燥剂（硅胶）一同放在密封的容器内保存。

面坯冷藏后容易造型

冷冻曲奇饼干使用了大量的黄油，双手的温度便足以让面坯变软，不容易造型。因此，将面坯放入冰箱内冷藏后，面坯不易松散，易成型，可直接烘烤成饼干，由此而得名。

糖霜饼干

最近人气超旺的甜品莫过于色彩斑斓、惹人喜爱的糖霜饼干。依个人喜好烤制出形状各异的饼干，只要用糖粉和蛋白制作的糖霜，描画图案就可以实现华丽变身，也是适合赠送亲友的礼物哦！

材料（30片量）

无盐黄油………75g
细砂糖…………60g
蛋液……………半个
低筋面粉………150g

A
- 姜粉………1/3 小匙（1g）
- 肉桂粉……1/6 小匙（0.5g）
- 丁香粉……少许（0.3g）
- 干粉………适量

糖霜材料

- 糖粉 ………………50g
- 蛋白 ………………10g
- 柠檬汁 ……………1/4 小匙

红色食用色素、茶粉
……………………各少量

（注）如果要将30片饼干全部涂上糖霜，需要准备三倍的量。但是，一次性全部制作会提前容易凝固，最好分2~3次制作。

准备工作

- 粉类需要提前从冰箱里拿出来。
- 烤盘铺上烘焙用纸。
- 烤箱预热至 180℃。

材料知识

香料

糖霜太甜，可以加入香料中和甜味。也可使用手边其他香料。

茶粉

茶叶打碎成粉末状。易溶于水。可将糖霜染成绿色。

红色食用色素

从红曲菌提取的食用色素。使用时用水溶解。使用极少量便可为糖霜着色。

＊制作饼干坯

1 黄油软化后放入碗内，用硅胶铲搅拌成奶油状，然后加入细砂糖继续搅拌。

2 搅拌蓬松后，加入蛋液，继续搅拌。

3 搅拌均匀后，筛入低筋面粉和A。

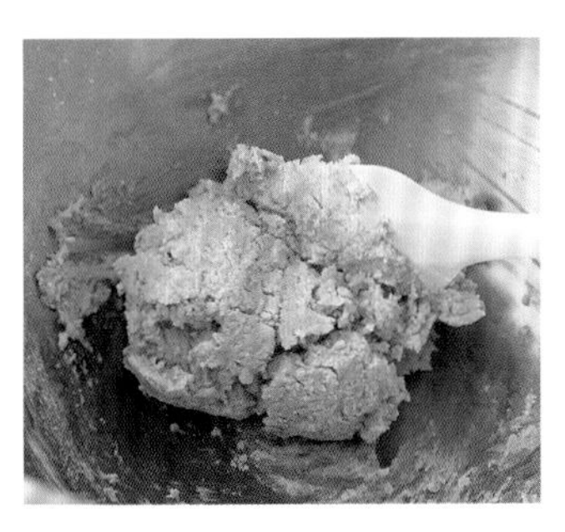

4 用硅胶铲沿着碗底搅拌，充分拌匀。

5 拌匀后，揉成面团，用保鲜膜包裹，放入冰箱内冷藏30分钟。

＊用模具定型

6 操作台上撒上干粉（参照P171），用擀面杖擀成厚4mm的面饼，然后用喜爱的模具压出图形。如果模具稍大，有利于用糖霜装饰。

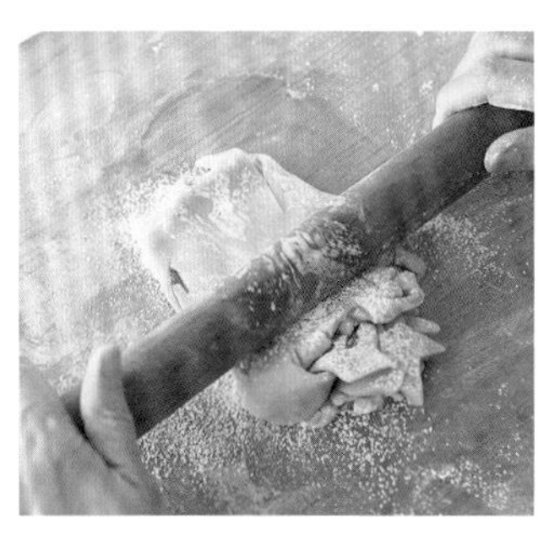

7 边角料重新用擀面杖擀制。

8 三折后，旋转90℃，撒上干粉，按照步骤6擀薄后，用模具压出图形。

＊烤制

9 将饼干坯摆放到烤盘内，为了保证烤出来的饼干平整，用叉子浅浅插出一些小孔。放入预热至170℃的烤箱内烤制15~17分钟，然后放在金属网上冷却。

＊制作糖霜

10 准备裱花袋（参照P170）。根据颜色数量制作，再多准备2~3个用于装基础色（白色和粉色）。

11 将糖粉、蛋白、柠檬汁放入碗内，用勺子搅拌均匀。搅拌出光泽感后，倒入裱花袋内。

12 糖霜很快就会变硬，这样就不容易描画图案，熟练操作之前最好不要一次全部倒入裱花袋内，可以分半倒入。剩下的糖霜一定要用保鲜膜覆盖，放在温暖的地方。如果天气寒冷，最好隔水加热（参照P172）。

＊涂抹糖霜

13 边饰

裱花袋稍微切个口，沿着边缘勾画出一圈细线。描画细微图案和文字时，都可使用此类裱花袋。

14 涂满整面

勾出边饰后，将步骤13的裱花袋开个大口，涂满整面。如果要用粗线条勾画时，就可使用此类裱花袋。

15 点缀饰物

如果想点缀一些装饰物，需趁糖霜干燥前点缀。

16 着色

将少量用水溶解的食用红色素和茶粉加入到糖霜内，用勺子充分搅拌，上色。如果需要重复涂抹粉色、绿色糖霜，需待底色全干后再涂抹。

材料知识

装饰物

如果没有时间制作糖霜，可以去烘焙专营店购买巧克力笔、银色糖珠等装饰用的小商品。

糖霜图案介绍

介绍几款糖霜范例。除了这些，还可以画笑脸、绘画，享受原创图案带给你的乐趣。

用白色糖霜勾画出一个心形，然后在周围点一圈小点点。用红色食用色素制作粉色糖霜，装到裱花袋内后，沿着心形内侧涂满。

沿着心形饼干点缀一圈小点。裱花袋口开大一些，描画出眼睛和嘴巴，再用粉色糖霜描出脸蛋儿。

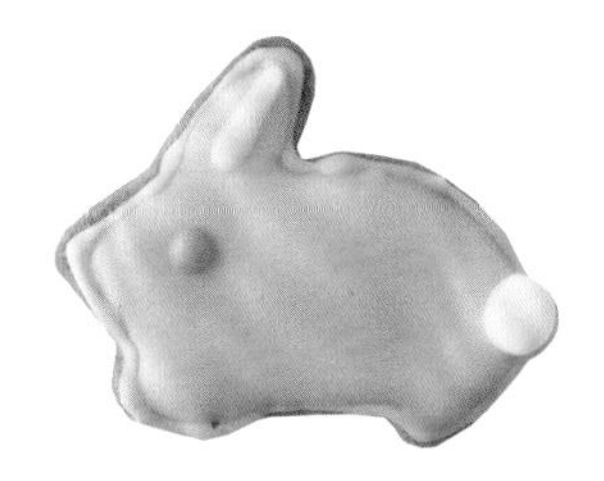

用粉色糖霜勾出边饰。将裱花袋口开大，涂满整面。干了后，用加入茶粉的绿色糖霜画出眼睛。用白色糖霜画出耳朵和尾巴。

按照步骤13勾画出可爱的边饰，内侧用粉色糖霜（参照步骤16）涂满。干了后，用绿色糖霜（参照步骤16）按照步骤14描画出图案。

按照步骤14粗略画出线条，趁糖霜干燥前，点缀上装饰物。

材料（约 40 个）

低筋面粉…………… 50g
全麦面粉…………… 100g
泡打粉……………… 1/4 小匙
黄糖………………… 50g
无盐黄油…………… 60g
蛋液………………… 半个
核桃………………… 40g
装饰用细砂糖……… 1 大匙

准备工作

- 将黄油提前 1 小时（夏季提前 30 分钟）放置室温下。
- 烤盘铺上烤盘纸。
- 将电烤炉预热，关掉电源，将核桃摊在烤盘上烘烤 3~5 分钟，然后冷却、切碎，留出 10g 装饰用。
- 低筋面粉、全麦面粉、泡打粉一并过筛。
- 烤箱预热至 180℃。

全麦曲奇饼干

加入风味朴实的全麦面粉、足量的香酥核桃烘焙而成的饼干。

核桃用电烤炉烘烤酥脆后，香味更加浓郁。粗略切碎，颗粒感可以增加口感。

1 将软化好的黄油放在碗内，用打蛋器搅打成奶油状，分 3 次加入黄糖，继续搅打至蓬松，然后加入蛋黄搅拌均匀。

2 筛入粉类。用硅胶铲沿着碗底从下往上翻拌。

3 搅拌均匀后加入核桃碎，然后用硅胶铲继续搅拌，将黏在碗边的面粉一并和成面团。最后用手掌从上按压出面坯内的空气。

4 将面坯两等分，整理成长 12cm 的圆筒形立方体。

5 用保鲜膜包裹面坯，整理好形状后，放在冰箱里冷藏两个小时。

6 将面坯切成厚 4mm 的薄片，撒上细砂糖和核桃碎做装饰，放在烤盘上，饼干之间留出间隙。

7 将 6 放在预热至 170℃的烤箱内烘烤 8~10 分钟轻微上色后即可。然后将饼干移至冷却架上冷却，放在密封容器内保存。

豆腐渣饼干

这是一款用豆腐渣制作而成，富含膳食纤维、钙质，芳香扑鼻的饼干。

材料
（直径 4.5cm 的菊花模具 20 个）

豆腐渣………………… 100g
低筋面粉…………… 50g
泡打粉………………… 1/2 小匙
可可粉（无糖）…… 20g
黄糖…………………… 40g
无盐黄油…………… 40g
蛋黄…………………… 1 个
白芝麻………………… 10g
食盐…………………… 1/8 小匙

准备工作

- 将黄油提前 1 小时（夏季提前 30 分钟）放置室温下。
- 烤盘铺上烤盘纸。
- 将豆腐渣放在耐热容器中，无需覆盖保鲜膜，用微波炉加热 4~5 分钟。中途取出几次搅拌。豆腐渣需要准备 70g（脱水后）。
- 低筋面粉、全麦面粉、泡打粉一并过筛。
- 烤箱预热至 180℃。

豆腐渣按照上述方法脱水到不粘手、干巴巴的就可以了。如果加热时间不够，可以根据实际情况延长 10~20 秒。

1 将软化好的黄油放在碗内，用打蛋器搅打成奶油状，分 3 次加入黄糖，继续搅打至蓬松，然后加入蛋黄搅拌均匀。

2 筛入粉类。用硅胶铲沿着碗底从下往上翻拌。

3 搅拌好后，加入冷却的豆腐渣、芝麻、食盐，继续用硅胶铲搅拌均匀，将黏在碗边的面粉一并和成面团。最后用手掌从上按压出面坯内的空气。

4 将面坯整理成四方形，取两块稍大的保鲜膜夹住面团，用擀面杖擀制成厚 3mm 的薄片。然后撒上高筋面粉（分量外），用模具压出造型，摆放在烤盘上，饼干之间留出空隙。

5 将步骤 4 放入预热至 170℃ 的烤箱内，烘烤 20 分钟。放在烤盘上冷却，冷却后放入密封的容器内保存。

西班牙小饼

放在口中，入口即化的感觉真是妙不可言！
这是源自西班牙的一款点心。不需要模具，
只需将材料混合在一起，最后裹上糖粉便可，
适合初学者尝试制作。

材料（35个份）

A［低筋面粉……… 100g
　 杏仁粉………… 60g

糖粉……………… 50g

色拉油…………… 45–50g

装饰用糖粉……… 2大匙

准备工作

- 烤箱预热至150℃。

＊制作饼干坯

1 将A直接均匀筛到烤盘上，放入预热至150℃的烤箱内烘焙7分钟（为了避免弄脏烤盘可垫上烤盘纸），杏仁粉烤出香味后，再稍微烘焙一下即可。

2 放置不烫手后过筛至碗内。

3 加入糖粉，用硅胶铲搅拌，加入色拉油，搅拌均匀。

4 用手捏制时，稍微捏一下便可，无需太用力。

＊团成球形后烘焙

5 团成直径1.5cm的圆球，均匀码放在铺有烤盘纸的烤盘上。放入预热至160℃的烤箱，烤制13~15分钟。

6 刚烤好的饼干容易碎，需要连同烤盘一并移至金属网上散热。

＊润饰

7 待不烫手时，逐个裹上糖粉。保存时，袋内最好放干燥剂（硅胶粉）。

可长时间保持
绵软蓬松的口感！

纸杯蛋糕

不需要泡打粉，

使用比砂糖更容易融化的糖粉，达到绵软蓬松的口感。

可以加一些装饰，让蛋糕变得更可爱，

让蛋糕味道也更多样化。

材料

（直径 5cm 的纸杯模具 7~8 个）

无盐黄油…………… 100g

糖粉………………… 100g

鸡蛋………………… 2 个

低筋面粉…………… 100g

准备工作

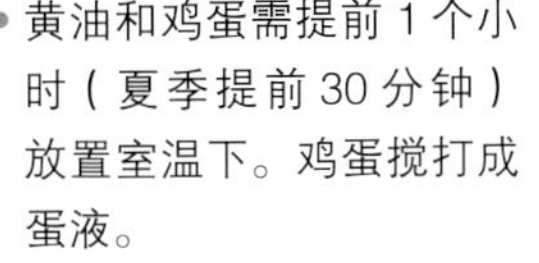

- 黄油和鸡蛋需提前 1 个小时（夏季提前 30 分钟）放置室温下。鸡蛋搅打成蛋液。
- 烤箱预热至 170℃。

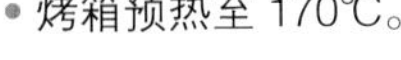

＊制作蛋糕坯

1 将黄油放入碗内，用打蛋器搅打成奶油状。

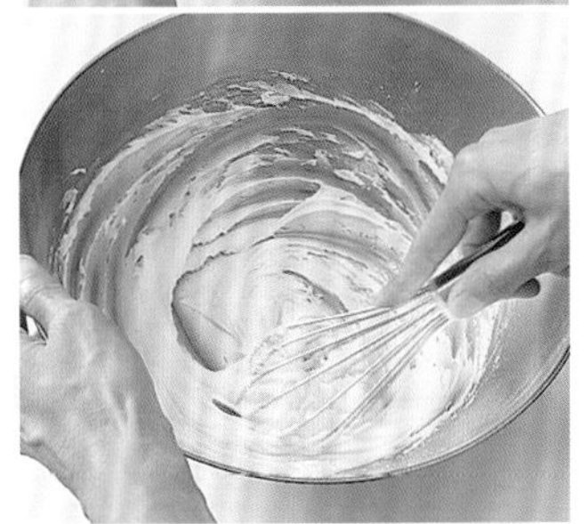

2 分两次加入糖粉，用打蛋器一直搅打至发泡。

3 蛋液分三次加入，每次都需用打蛋器搅打至看不到蛋液为止。第一次可加入少许蛋液，第二次比较好打，最好加入全部蛋液的2/3。

4 一直快速搅打成整体发泡、蓬松状态为止。如果发现消泡，可以再次打发。

5 筛入一半的粉类。第一次有点难搅拌均匀，需要用打蛋器使劲搅拌。

6 筛入剩余的粉类，改用硅胶铲沿着碗边刮干粘在碗壁上的粉类，搅拌至看不到干粉。

＊倒入面糊、烤制

7 用勺子将面糊舀至纸杯内，八分满。放在烤盘上，放入预热至170℃的烤箱，烤制25分钟。用牙签插一下看看，如果什么都没粘就证明烤好了。

8 连同纸杯一同放到冷却架上冷却。冷却后，去除纸杯，可根据个人喜好进行装饰。

三款纸杯蛋糕的装饰

只需将水果、巧克力置于纸杯蛋糕顶部，就让原本朴素的纸杯蛋糕焕然一新。操作简单，一定要挑战一下哦！

酸奶水果

鲜奶油和酸奶的搭配让口感更加清爽！为了避免水分过多，需去除水果的多余汁水再用作装饰。

材料

（P79 纸杯蛋糕 7~8 个）

原味酸奶……………50mL
鲜奶油………………50mL
砂糖…………………1.5 大匙
水果（罐头）………适量

做法

1 将酸奶、鲜奶油放入碗内，加入砂糖搅打至蓬松状态。

2 用刀切除纸杯蛋糕凸起的顶部。

3 在蛋糕顶部放上已去除多余水分的水果，加上适量的1，再扣上切下的部分。

巧克力香蕉

合理的食材搭配能够增强核桃的香味。最爱足量巧克力带来的醇厚口感。

材料

（P79 纸杯蛋糕 7~8 个）

块状巧克力…………30g
香蕉…………………半根
柠檬汁、核桃………各少量

做法

1 将巧克力切成小块放入耐热容器中，不需要覆盖保鲜膜，放在微波炉内加热1分钟左右。用勺子搅拌，充分融化，然后抹在纸杯蛋糕上。

2 香蕉切成厚1cm的半月形，撒上柠檬汁。

3 将1、2与核桃巧妙搭配装饰。

奶油红豆

日式与西式相结合全新的味蕾体验！浓郁的奶油与红豆的清甜突显高级口感。与绿茶搭配，味道更赞。

材料

（P79 纸杯蛋糕 7~8 个）

粒状红豆馅…………7 大匙
鲜奶油………………50mL
砂糖…………………1 小匙

做法

1 将鲜奶油、砂糖放入碗内，搅打至蓬松状态。

2 用刀切除纸杯蛋糕凸起的顶部。

3 将适量1和红豆馅放在蛋糕顶端，然后扣上切下的部分。

烤焦黄油的香味、绵软的
质地，让蛋糕更美味！

焦香黄油玛德琳

将黄油加热成焦黄色后加入到面糊中。
整个烘焙过程都散发着扑面的香味。
所以，烘焙出的玛德琳比普通玛德琳更蓬松、更香甜。
第二天、第三天，口感依旧蓬松绵软，
这是一款美味得超乎想象的小点心。

材料（20个）

无盐黄油……………100g
鸡蛋…………………3个
细砂糖………………80g
低筋面粉……………100g
泡打粉………………1/2小匙
蜂蜜…………………80g
模具用熔化黄油、高筋面粉（低筋面粉也可）…各适量

准备工作

- 将黄油与鸡蛋提前1小时（夏季提前30分钟）放置室温下。
- 将熔化的黄油刷在模具上，撒上一层薄薄的高筋面粉，然后扫除多余的干粉。
- 烤箱预热至200℃。

因为烘烤时玛德琳会膨胀，所以需要将熔化的黄油均匀涂抹到模具凹陷处。

将面粉洒满整个模具。也可以用茶叶篦子筛上一层面粉。

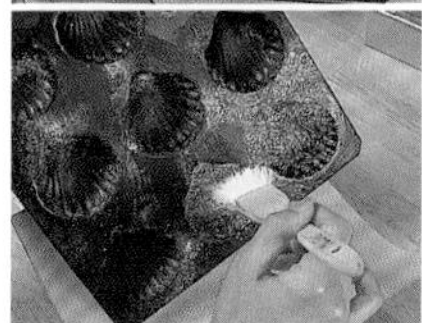

用刷子拂去多余的干面粉。

＊制作焦香黄油

1 将黄油放在小锅内，一边搅打一般用微弱中火加热。黄油熔化后容易四溅，小心地不停搅拌以免糊锅，加热至黄油成焦色。

2 用厚厨房用纸过滤出黄油中的沉淀物，提取出干净的焦香黄油。

＊混合鸡蛋、细砂糖和粉类

3 鸡蛋打到碗内，用打蛋器充分搅打。搅打时，时不时提起打蛋器，有助于打碎蛋清。

4 一次性将细砂糖全部加入，搅拌至砂糖没有颗粒感。

5 筛入低筋面粉与杏仁粉。

6 用打蛋器搅拌至没有面疙瘩。因为黏性大，需充分搅拌烘焙出的成品口感才好。

＊加入焦香黄油

7 加入步骤2的焦香黄油和蜂蜜，然后用力搅拌。

＊烤箱烘焙

8 将搅拌均匀的面糊倒入模具，八分满。如果倒入过多面糊，玛德琳就不会膨胀。最好将面糊装在有倾液嘴的量杯里，然后再往模具里倒。可以立即烘焙，如果放置一小时后再烘焙，表面形成一层膜，有利于玛德琳中央膨胀。如果一次烘焙不完，可以将面糊放在室温下保存。

9 放在预热至200℃烤箱中层烘焙12~13分钟。用牙签扎一下，如果没有生面糊就算烤好了。将模具倒扣取出玛德琳。如果还有面糊，可以立即清洗模具，继续烘焙。

10 将玛德琳摆放在冷却架（金属网）上散热，冷却后放在密封容器内保存。

费南雪

源自法语词汇“金融家”，
或许是因为形状像金条而得名
刚烘烤出来口感酥脆
第二天就变得非常绵软
体验口感的神奇变化吧！

材料
（40mL 费南雪模具 6 个份）

低筋面粉……………20g
杏仁粉（带皮）……25g
细砂糖………………60g
无盐黄油……………50g
蛋清…………………50g
蜂蜜…………………1 小匙

准备工作

- 将黄油与鸡蛋提前 1 小时（夏季提前 30 分钟）放置室温下。
- 将杏仁粉摊平在托盘上，放在预热至 100℃的烤箱内烘烤 10 分钟，冷却。
- 模具上四周均匀涂抹上少量黄油（分量外）。
- 制作焦香黄油（参照 P83 步骤 1~2）。
- 将低筋面粉和杏仁粉过筛。
- 烤箱预热至 200℃。

1 蛋清倒入碗内，用打蛋器搅打至轻度发泡、颜色发白即可。然后加入蜂蜜，轻轻搅拌。再分两次加入细砂糖，用打蛋器搅拌均匀。

2 将过筛的粉类筛到碗内。用打蛋器沿着碗底轻轻画圈搅拌。

3 搅拌至没有干面粉后，加入焦香黄油，一点点儿加入，同时用打蛋器充分搅拌（ⓐ）。

4 用勺子将面糊舀至模具内，九分满即可（ⓑ）。

5 将4放在已经预热至 190℃的烤箱内烘焙 10~13 分钟。待表面上色均匀后，用牙签扎一下，如果没有粘到面糊，就意味着烤好了。将烤好的费南雪从模具中取出，放在冷却架上充分冷却，然后放在容器内保存。

ⓐ

如果一次性将黄油加入，就会很难搅拌。可以一点一点加入黄油。

ⓑ
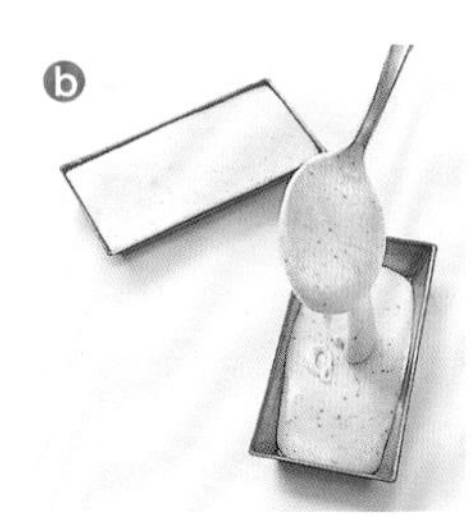
考虑到面糊在烘焙过程中会膨胀，装九分满即可。

原味玛芬

鸡蛋与砂糖充分打发，可让烘焙出的玛芬拥有入口即化的口感。然后只需将原材料按照顺序加入搅拌均匀即可。

材料
（直径 6cm 的玛芬模具 4 个份）

低筋面粉…………… 100g
泡打粉……………… 1 小勺
细砂糖……………… 70g
无盐黄油…………… 60g
鸡蛋………………… 1 个
香草豆……………… 1/4 根
牛奶………………… 1.5 大匙

没有专业模具怎么办？

如果手头上没有专业玛芬模具，可以用布丁模具代替，只需铺上纸杯即可。也可以用纸质的玛芬模具代替金属玛芬模具和布丁模具，使用更加便捷。

准备工作

- 将黄油与鸡蛋提前 1 小时（夏季提前 30 分钟）放置室温下。
- 将玛芬专用纸杯铺在玛芬模具上。
- 黄油放在耐热容器内，不覆盖保鲜膜，用微波炉加热 30 秒。
- 将香草从侧面撕开，刮出种子（参照 P132），然后与细砂糖混合。
- 低筋面粉与泡打粉一起过筛。
- 烤箱预热至 190℃。

＊制作面糊

1 将鸡蛋打到碗内，加入细砂糖和香草豆，用打蛋器充分打发。

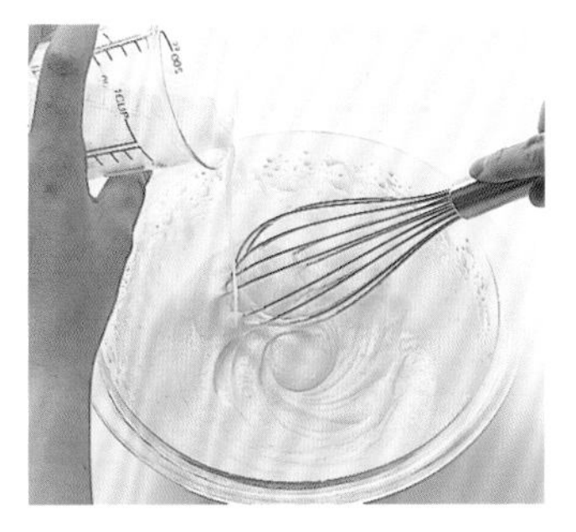

2 蛋液搅打至白色、蓬松后，一点点加入焦香黄油，同时用打蛋器搅拌。

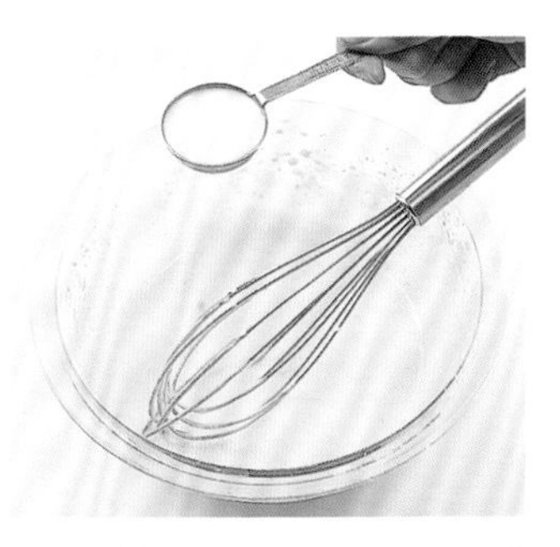

3 搅拌光滑后，加入牛奶，继续用打蛋器搅拌。

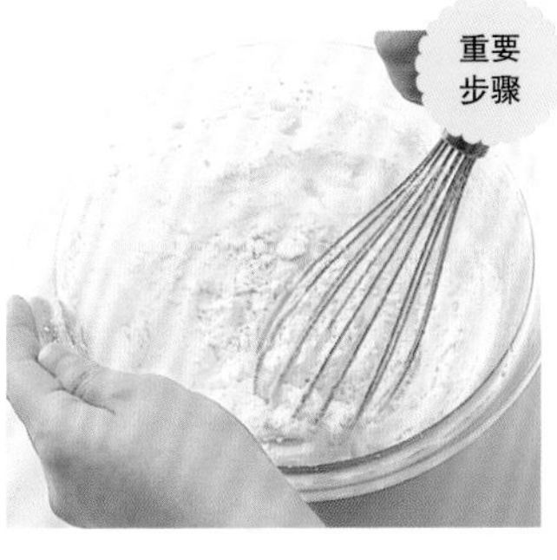

4 将筛过的粉类筛到碗内，快速用打蛋器搅拌。搅拌至没有干粉，混合均匀即可。注意，如果搅拌过度，成品口感会过硬。

＊将面糊倒入模具内烘焙

5 用勺子将面糊舀至铺有纸杯的模具内，八分满。装完面糊后，将模具拿离操作台 10cm 左右，落下，排出面糊内的空气。

6 将5放入预热至 180℃的烤箱烤制25分钟。用牙签扎一下，如果没有粘上面糊，就烤好了。

7 烤好的玛芬从模具中取出，倾斜着冷却。因为底部容易堆积蒸汽，如果直接放在模具内冷却，会影响口感。冷却后，用保鲜膜包裹保存。

蓝莓玛芬

使用冷冻的蓝莓，
一年四季都可以制作。
如果使用新鲜蓝莓，
口味更佳。

材料
（直接 6cm 的玛芬模具 5 个份）

低筋面粉……………100g
泡打粉………………1 小匙
肉桂粉………………1/2 小匙
细砂糖………………70g
无盐黄油……………60g
鸡蛋…………………1 个
牛奶…………………1.5 大匙
蓝莓（冷冻）………100g

准备工作

- 将黄油与鸡蛋提前 1 小时（夏季提前 30 分钟）放置室温下。
- 将玛芬专用纸杯铺在玛芬模具上。
- 黄油放入耐热容器内，不覆盖保鲜膜，用微波炉加热 30 秒。
- 低筋面粉、泡打粉与肉桂粉一起过筛。
- 烤箱预热至 190℃。

1 将鸡蛋打到碗内，加入细砂糖，用打蛋器充分打发。

2 蛋液搅打至白色、蓬松后，一点点加入焦香黄油，同时用打蛋器搅拌。

3 搅拌光滑后，加入牛奶，继续用打蛋器搅拌（a）。

4 将过筛过的粉类筛到碗内，用打蛋器快速搅拌。搅拌还剩少许干粉时，加入蓝莓，小心搅拌，不要弄碎蓝莓。

5 用勺子将面糊舀至铺有纸杯的模具内，八分满。装完面糊后，将模具拿离操作台 10cm 左右，落下，排出面糊内的空气。

6 将 5 放入预热到 180℃的烤箱，烤制 25 分钟。用牙签扎一下，如果没有粘上面糊，就烤好了。烤好的玛芬从模具中取出，倾斜着冷却。冷却后，用保鲜膜包裹保存。

a

冷冻的蓝莓果汁较多，弄碎后会使面糊染色、变黏稠，混合时多加小心，以防弄碎蓝莓。

柠檬玛芬

这款玛芬包裹着丰富的柠檬皮和柠檬汁，最大的特点就是口感松软，清香与酸味恰到好处。

材料
（直径 6cm 的玛芬模具 4 个）

低筋粉………………… 100g
泡打粉………………… 1 小勺
细砂糖………………… 70g
无盐黄油……………… 60g
鸡蛋…………………… 1 个
柠檬汁………………… 1.5 大勺
柠檬皮（无农药）… 1/4 个
柠檬片………………… 2 片
糖粉…………………… 适量

准备工作

- 鸡蛋需提前 1 个小时（夏季提前半小时）放置室温下。
- 将模具铺上玛芬纸杯。
- 黄油放入耐热容器内，无需保鲜膜，用微波炉加热 30 秒。
- 将低筋粉与泡打粉过筛。
- 烤箱预热至 190℃。

1 鸡蛋打入碗内，加入细砂糖，用打蛋器打发。

2 打发后，少量多次加入熔化的黄油，充分打发。

3 打发均匀后，加入柠檬汁和擦碎的柠檬皮，用打蛋器搅拌（a）。

4 筛入已过筛的粉类，用打蛋器迅速搅拌。

5 用勺子将面糊舀入铺着玛芬纸杯的模具内，8分满。将模具拿起约10cm高，轻轻震一下，排出多余的空气，然后摆上柠檬片。

6 将5放入预热至180℃的烤箱内，烤25分钟。用牙签插入看是否粘面糊，如没有就是烤好了。

7 将玛芬倾斜冷却。用保鲜膜包裹保存，可根据喜好，筛上糖粉。

a

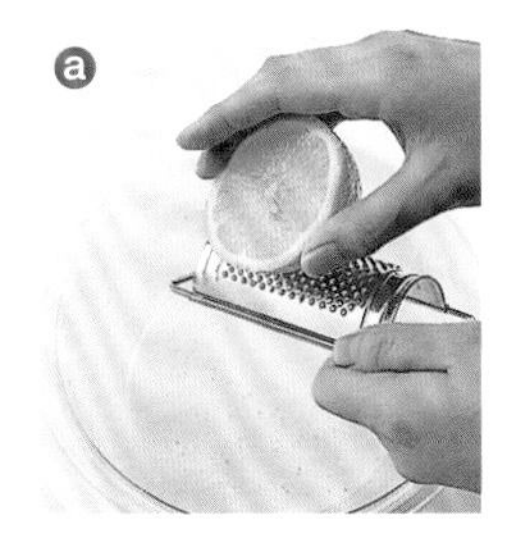

擦柠檬皮时，只要香味浓郁的黄色部分。白色部分发苦，需要注意。

司康饼

烤好的司康饼膨胀得很高，
英国称之为“狼口大开”，
这是烘焙完美的标志。
可以夹上果酱、奶油食用，
也可以夹上芝士、火腿食用。

材料
（直径 6cm，6~8 个份）

低筋面粉……………200g
泡打粉………………2 小匙
细砂糖………………2 大匙
无盐黄油……………50g
牛奶…………………100~120mL
高筋面粉（用作干粉）
………………………适量
鲜奶油、草莓果酱、草莓、
薄荷叶………………各适量

工具介绍

圆形切模

也叫法式馅饼圆切模、圆环切模。因为切面坯时需要用力，最好选择材质结实的产品。如果没有切模，也可以用杯子代替。

准备工作

- 将黄油切成5mm的小块，装在保鲜袋内放入冰箱冷藏。
- 烤盘铺上烤盘纸。
- 将低筋面粉、泡打粉、细砂糖一并过筛。室温较高的夏天最好将粉类放在冰箱内冷藏。
- 烤箱预热至210℃。

＊将粉类和黄油揉拌均匀

1 将过筛的粉类放到碗内，然后加入切好的黄油丁，用双手指尖快速揉搓。

2 揉搓至黄油与粉类结块，呈红豆大小的肉松状即可。

＊加入牛奶

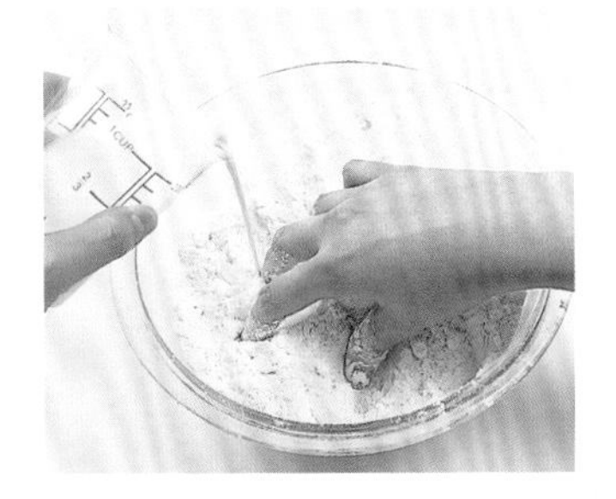

3 一点点加入牛奶，用手指拌匀。渐渐牛奶包裹整个面粉，颗粒变大。

4 继续搅拌，待没有干面粉时用手掌按压面坯，揉成面团。揉成面团后就不要继续揉了。如果有些粘手，可以撒些干粉。

＊压平面坯、用模具压出形状

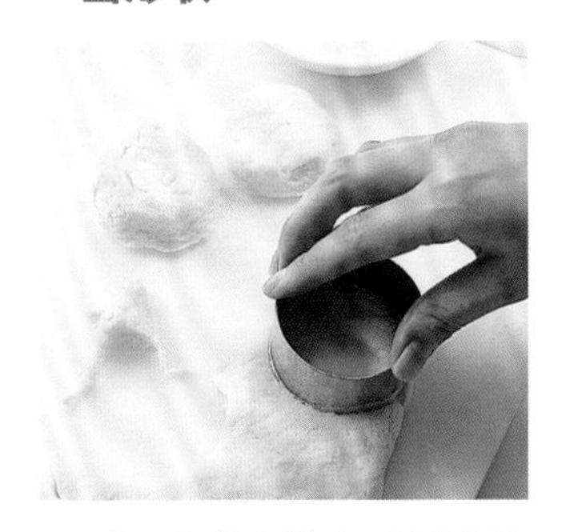

5 将面坯放在撒过干粉的操作台上，用手掌将面团压成2cm厚。然后用抹过干粉的模具压出形状。多余的面坯不要揉搓，轻轻团成一团，继续压成2cm后，用模具压出造型。

＊放在烤盘上烤制

6 均匀摆放在烤盘内，放入预热至200℃的烤箱烘焙12分钟，直至表面呈现金黄色。然后放在金属网上冷却。切成两半，加上轻微打发的奶油或草莓果酱，还可以根据个人喜好，搭配上草莓和薄荷叶。

自制朗姆酒葡萄干与
核桃，增添了风味

核桃朗姆酒
葡萄干磅蛋糕

朗姆酒葡萄干与核桃的搭配，
让磅蛋糕更适合大人口味。
也可以用小模具多烘焙几个，
赠与亲友，定会讨众人欢喜。
不需要打发蛋液，可谓是零失败，
是一款适合初学者的蛋糕。

核桃朗姆酒葡萄干磅蛋糕的做法

材料（磅蛋糕模具 1 个份）

无盐黄油…………… 100g
糖粉………………… 100g
鸡蛋………………… 2 个
低筋面粉…………… 100g
杏仁粉……………… 30g

朗姆酒葡萄干

喜欢的葡萄干 …… 120g
朗姆酒 …………… 50mL

朗姆酒葡萄干浸泡液
……………………… 1 大匙
生核桃……………… 80g
柠檬汁……………… 1/2 分
模具用熔化黄油、高筋面粉（低筋面粉也可）……… 各适量

准备工作

- 将黄油与鸡蛋提前提前 30 分钟以上放置室温下。
- 模具涂抹上熔化的黄油（参照 P4），撒上高筋面粉，扫去多余的干粉。
- 烤箱预热至 180℃。

用刷子涂上一层薄薄的黄油。

干粉最好用干爽的高筋面粉，也可用低筋面粉替代。

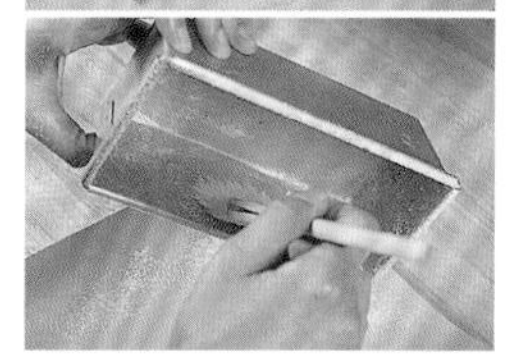

用刷子拂去多余的面粉。

材料知识

葡萄干

没有种的葡萄干燥后的干果。不同品种的葡萄，颜色和口味也各不相同。此次使用了照片中的三款葡萄干。

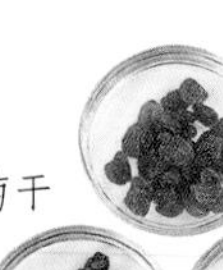

无核葡萄干

葡萄干

绿葡萄干

朗姆酒

以甘蔗糖蜜为原料的一种蒸馏酒。装在橡木桶内成熟后变成琥珀色。除了用于点心制作，还经常用作调制鸡尾酒。

＊处理葡萄干和核桃

1 将葡萄干放在耐热容器内，撒上朗姆酒，包上保鲜膜，用微波炉（500W）加热3分钟，然后搅拌、冷却。

2 将核桃平铺有烤盘纸的烤盘上，用烤炉小火烤3分钟，或者放入预热至100℃的烤箱烤10分钟。

自制朗姆酒葡萄干

用热水冲泡葡萄干，沥干水分后，放入密封的容器中，倒入朗姆酒浸泡。密封保存3天后即可使用，常温下可以保存半年。

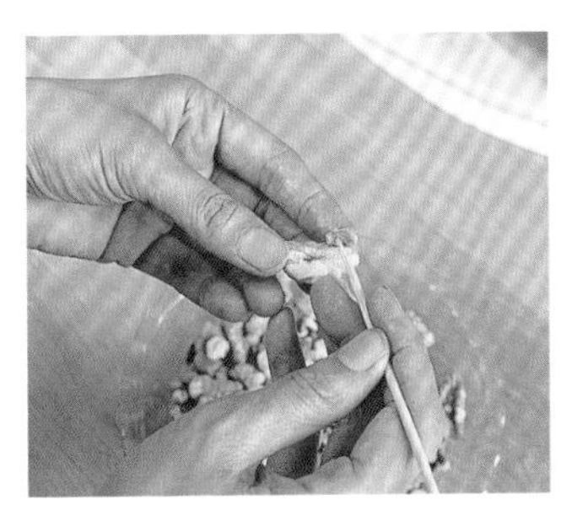

3 核桃冷却至不烫手，用牙签去皮（如果不怕苦，可以不用去皮。核桃放在笊篱内揉搓后易于去皮）。然后用手掰成小块。

4 用笊篱捞出朗姆酒葡萄干，用厨房用纸吸干葡萄干上的液体。

＊制作磅蛋糕面坯

5 用木铲轻轻搅打黄油。黄油最好提前30分钟以上从冰箱内拿出来。

6 用打蛋器打发黄油，打至蓬松时，分2~3次加入糖粉，搅打至细滑的奶油状。

7 为了避免加入鸡蛋后造成油水分离，所以先筛入杏仁粉，充分搅拌。

8 鸡蛋搅打成蛋液，分5次加入，充分搅拌均匀。

9 搅打成像照片这样整体呈白色的蓬松状态即可。如果油水分离，黄油会变成豆腐渣模样，做出的蛋糕蓬松度就差，这种情况下，需要在加入低筋面粉时一并加入1/2小匙泡打粉。

10 分3次筛入低筋面粉，用硅胶铲搅拌。

11 最后一次筛入低筋面粉后，加入4的朗姆酒葡萄干和3的核桃。

12 与面粉一并搅拌，以防搅朗姆酒葡萄干、核桃沉入面糊底部。

13 沿着铲子均匀撒入朗姆酒葡萄干的浸泡液和柠檬汁，然后搅拌。可根据个人喜好，加入擦碎的柠檬皮。

14 将面坯倒入模具内，双手拿起模具，轻轻撞击模型底部，让面糊均匀填满模型各个角落。可以在桌上垫一块抹布，减轻撞击声。

15 用指尖沿着蛋糕坯边缘画一圈，也就是切面坯（参照P174）。

16 为了呈现出山峰状，用硅胶铲在中间划一道。

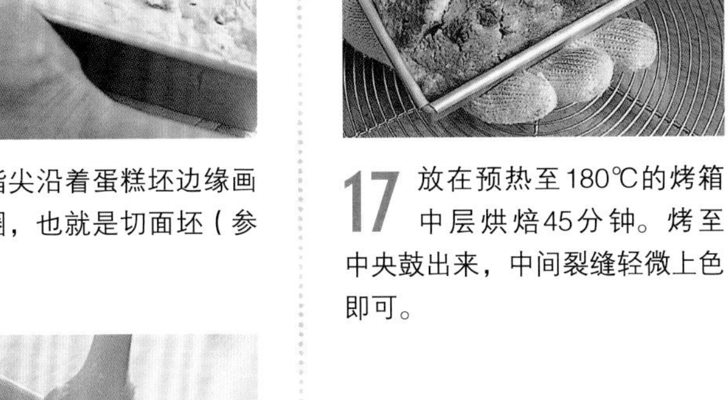

17 放在预热至180℃的烤箱中层烘焙45分钟。烤至中央鼓出来，中间裂缝轻微上色即可。

18 从模具中取出，放在蛋糕冷却架（金属网）上冷却。冷却好了以后，用保鲜膜包裹，放在室温下保存。第二天味道会更加调和。

选用喜爱的坚果或水果

除了朗姆酒葡萄干和核桃，还可以加入切碎的梅干、无花果、杏脯，味道也很棒。坚果可以选择无盐杏仁、榛子、腰果等。

焦糖磅蛋糕

这款蛋糕最大的亮点就是蛋糕坯内加入了焦糖，
味道更加浓郁香甜。切片淋上焦糖后，
能充分享受焦糖的甜蜜风味。

材料
（7cm×17cm×6.5cm 的磅蛋糕模具 1 个份）

低筋面粉……………… 120g
泡打粉…………………1 小匙
细砂糖………………… 70g
无盐黄油……………… 100g
鸡蛋……………………2 个（120g）

焦糖（150g）
细砂糖 ……………… 100g
鲜奶油（乳脂含量 47% 左右）
…………………………100mL

准备工作

- 将黄油、鸡蛋、鲜奶油提前 1 小时（夏季 30 分钟）放置室温下。鸡蛋打碎，蛋清和蛋黄分开。
- 磅蛋糕模具铺上烤盘纸。
- 面粉与泡打粉一并过筛。
- 烤箱预热至 180℃。

＊制作焦糖

1 将细砂糖放在平底锅内，开中火，加热时用耐热性能好的硅胶铲不停搅拌。细砂糖熔化，呈现淡茶色后，关火。边用铲子搅拌边加入鲜奶油，调成黏稠状。

＊制作蛋糕坯

2 黄油放在碗内，用电动打蛋器搅打成奶油状后，加入细砂糖，继续搅打。

3 搅打成干性发泡后，鸡蛋分两次加。先加入一个蛋黄，用电动打蛋器继续搅打。然后再加入一个蛋清，接着搅打。

4 与步骤3相同，按照先蛋黄、再蛋清的顺序加入第二个鸡蛋。

5 将1的焦糖糖浆加入4内，用硅胶铲搅拌均匀。

6 筛入1/3的粉类，用硅胶铲搅拌。搅拌至没有干粉时，分两次加入剩下的粉类，继续充分搅拌。

7 倒入模具内，抹平表面，放入已预热的烤箱，170度烤制5分钟。拿出来，用牙签在中央划一道缝隙。

8 再将7放入烤箱内，烘烤35分钟。用牙签扎一下中间部位，如果没有粘上面糊，就意味着烤好了。从模具中拿出来，放在金属网上冷却。放在保鲜袋内，以免干燥。剩下的焦糖糖浆如果干了，就用微波炉稍微加热一下，抹在蛋糕上食用更佳。

焦糖制作要点

将细砂糖放在平底锅内，开中火，熔化。这样比加水熔化时间更短，适合少量制作。

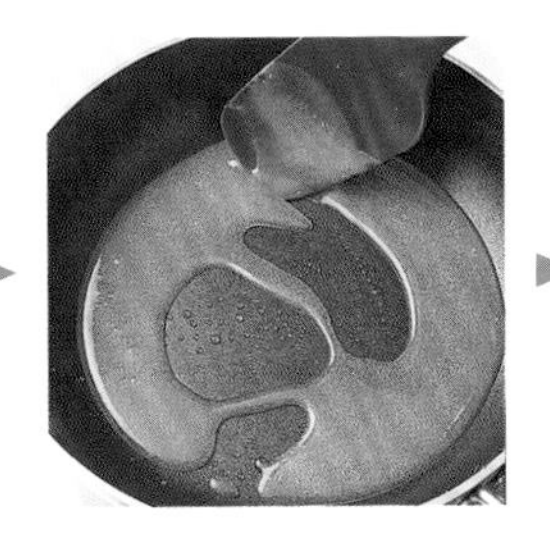

细砂糖变成液体后，就开始上焦色了，这时一定要不停搅拌，保持受热均匀。

呈淡茶色后，关火。慢慢加入鲜奶油，迅速搅拌。这时候，容易液体四溅，小心烫伤。鲜奶油最好提前放置室温下。

用硅胶铲推一下，如果焦糖慢慢回去，这种黏稠度刚刚好。焦糖糖浆与蛋糕糊浓度一致，有利于搅拌。如果太稀了，就开火继续加热，但是要注意这时容易导致油水分离。

胡萝卜磅蛋糕

这款蛋糕没用黄油，味道更加清爽，
如果使用红糖（选用含有蜜糖的），
胡萝卜味就不那么明显了，味道更加醇厚。
抹上一层足量的奶油芝士，感受不一样的味道。

材料

（7cm×17cm×6.5cm 的磅蛋糕模具 1 个份）

低筋面粉……………140g
泡打粉………………1 小匙
肉桂粉………………1 小匙
色拉油………………80g
红糖…………………100g
鸡蛋…………………2 个（120g）
胡萝卜………………1 根（100g）
核桃…………………70g
A［奶油芝士………100g
　 红糖……………3 大匙
核桃碎………………2 个份

准备工作

- 将鸡蛋、奶油芝士提前 1 小时（夏季 30 分钟）放置室温下。
- 磅蛋糕模具铺上烤盘纸。
- 胡萝卜去皮、擦碎。
- 核桃烘焙、去皮（参照 P95）。用手掰碎。
- 面粉、泡打粉、肉桂粉一并过筛。
- 烤箱预热至 180℃。

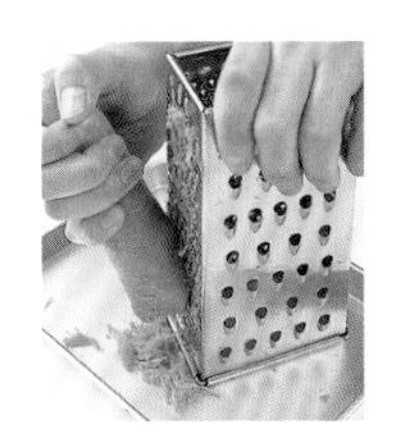

胡萝卜不用擦得太碎，保留些许粗纤维，味道更浓郁。如果不喜欢胡萝卜的味道，可以加入少量丁香粉、生姜粉中和一下，味道更佳，适合食用。

1 鸡蛋打至碗内，加入红糖，用电动打蛋器搅打。

2 搅打至白色、蓬松后，一点点加入色拉油，同时不断搅拌。可以根据个人口味，添加少量丁香粉、生姜粉，味道更佳。

3 色拉油搅拌均匀后，加入擦碎的胡萝卜。

4 筛入一半的粉类，用硅胶铲充分搅拌。搅拌至没有干粉后，再筛入剩下的粉类，加入核桃，继续搅拌。

5 将面糊倒入模具内，抹平表面，放入已预热至170℃的烤箱，烤制5分钟。拿出来，用牙签在中央划一道缝隙。

6 再将5放入烤箱内，烘烤35分钟。用牙签扎一下中间部位，如果没有粘上面糊，说明烤好了。从模具中取出，放在金属网上冷却。冷却好后，放在保鲜袋内，以防干燥。

7 制作奶油芝士。用打蛋器将A的奶油芝士搅打成奶油状，加入红糖继续搅拌（ⓐ）。加上核桃碎，均匀抹在6的表面。

ⓐ 奶油芝士放置室温下变软后，用打蛋器搅打，搅打顺滑后，加入红糖，继续搅打。

纯正的味道
绝不输给蛋糕师傅

马卡龙

马卡龙诞生于法国，
这是一款在两块圆形饼干之间
夹着奶油等内馅的甜点。

材料（直径 5.5cm 的 14~15 个份）

马卡龙坯

- 糖粉 ………………………… 85g
- 杏仁粉 ……………………… 50g
- 蛋清 ………………………… 50g
- 细砂糖 ……………………… 25g

覆盆子奶油

- 覆盆子果酱（非蜜饯）… 50g
- 无盐黄油 …………………… 20g

准备工作

- 将圆形裱花嘴装在裱花袋上，从裱花袋开口处向外拉出裱花嘴，用力拉紧。把裱花袋折过来，套在碗上或杯子上，方便装料（参照 P46）。
- 烤盘铺上烤盘纸。

＊制作马卡龙坯

1 将糖粉、杏仁粉一并过筛2次。用过筛时的硅胶铲辅助碾碎面疙瘩。

2 将蛋清放入碗内，加入少量细砂糖，用电动打蛋器搅打至轻微发泡后，再加入剩下的白糖，搅打成拉起打蛋器有直立尖角的干性发泡。

3 将一半的1加入2内，用硅胶铲充分搅拌。

4 加入剩余的1，刮净碗底、碗内壁上的面糊，按“の”形充分搅拌。

5 搅拌至蛋白没有蓬松感，产生光泽为止。

＊挤在烤盘上

6 将5装进准备好的裱花袋内。为了避免混入空气，用木铲朝裱花嘴方向刮推面糊，推至裱花袋前端（参照P109步骤7）。

7 将烤盘纸铺在烤盘上，保持合适间距，面糊挤成直径3~4cm的圆形。为了避免产生尖角，画着圆圈提起裱花嘴。

8 放在室温下30分钟至表面干燥。烤箱预热至200℃。

＊烤箱烘焙

9 将8放在预热至200℃的烤箱内烘焙5分钟，然后温度降至170℃烘焙10~15分钟，中间需要打开烤箱调换一下烤盘方向。

10 烤好之后，连同烤盘纸一并放在蛋糕冷却架（金属网）上，冷却后再取下马卡龙。

＊润饰

11 制作覆盆子奶油。提前将黄油放置室温下软化，变软后放入碗内，用硅胶铲搅拌成奶油状。然后加入覆盆子果酱，搅拌均匀。

12 将10冷却的马卡龙抹上11，然后再夹上一片。容易受潮，保存时需要加入干燥剂。

可可马卡龙

原味马卡龙配料基础上加上可可粉，夹上巧克力奶油。这是一款适合情人节的马卡龙。

材料

（直径 5.5cm 的 14~15 个份）

马卡龙坯

- 糖粉 ………………… 85g
- 杏仁粉 …………… 50g
- 可可粉（无糖）… 5g
- 蛋清 ………………… 50g
- 细砂糖 …………… 25g

巧克力奶油

- 无盐黄油 ………… 50g
- 可可粉（无糖）、糖粉 ……………………… 各 5g

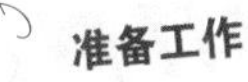

• 与马卡龙相同。

1 将糖粉、杏仁粉、可可粉一并过筛两次。然后按照马卡龙的制作步骤操作（参照P104~105步骤2~10）。

2 按照下图制作巧克力奶油（ⓐ）。然后将奶油抹在冷却的马卡龙上，再夹上另一块马卡龙。

将从冰箱拿出已经变软的黄油放入碗内，用硅胶铲搅打成奶油状。然后筛入糖粉和可可粉，充分搅拌均匀。

达垮司

这款点心只需将蛋白内加入少量面粉，

10 分钟即可烤好！

只需轻度烘焙就能达到酥脆口感。

搭配上沁人的红茶，便可享受美好的下午茶啦！

也没有特殊形状要求，做法超简单！

材料（16 个份）

蛋清……………………3 个

细砂糖………………25g

A
- 杏仁粉…………75g
- 低筋面粉………10g
- 糖粉……………50g

摩卡奶油

- 蛋黄 ………………2 个
- 无盐黄油 …………100g
- B
  - 水 ……………1 大匙
  - 细砂糖 ………50g
- 速溶咖啡 …………1 大匙
- 甘露咖啡力娇酒 …1/2 大匙

葡萄干………………适量

糖粉…………………适量

准备工作

- 将鸡蛋与黄油提前 30 分钟以上从冰箱拿出来放置室温下。
- 将圆形裱花嘴装在裱花袋上，从裱花袋开口处向外拉出裱花嘴，用力拉紧。把裱花袋折过来，套在碗上或杯子上，方便装料（参照 P46）。准备两个裱花袋，一个用于装达垮司面坯，一个用于装摩卡奶油。
- 烤盘铺上烤盘纸。
- 烤箱预热至 200℃。

材料知识

甘露咖啡力娇酒

这是一款散发着咖啡香味的利口酒。常用于烘焙点心、调配鸡尾酒。

烤成酥脆口感再夹上摩
卡奶油，味道棒棒哒！

达垮司的做法

＊制作蛋白霜

1 用电动打蛋器稍微搅打蛋清，然后加入一半的细砂糖，继续打发。

2 搅打时，在碗内转动打蛋器，蛋清打发到整体发泡、蓬松时，加入另一半细砂糖，继续打发。

3 蛋清搅打至干性发泡后，拉起打蛋器能产生弯曲的尖角即可。

＊加入粉类

4 材料A分2~3次筛入。

5 用硅胶铲搅拌至没有粉粒。需要用力搅拌。如果蛋清充分发泡，搅拌时不会导致消泡的。

＊挤在烤盘上

6 将5装入准备好的裱花袋内。

没模具也可以制作

专业制作达垮司时，会将面糊倒进圆形模具内再烘焙。家庭制作时，可以利用裱花袋将面糊挤到烤盘上。可以根据个人喜好自由调整面坯大小。

7 为了避免混入空气，用木铲朝裱花嘴方向刮推面糊，推至裱花袋前端。

8 按画“の”形挤到铺有烤盘纸的烤盘上，挤成直径大约6cm的圆形。

＊烤箱烘焙

9 整体筛上足量的糖粉，放置三分钟后，再筛一次。放在预热至200℃的烤箱内烤制10分钟。

10 刚烤好的达垮司很难从烤盘上取下，将烤盘取出垫在抹布上冷却。冷却到不烫手时，可以用铲刀铲下达垮司，然后再将其放在冷却架（金属网）上彻底冷却。

＊制作摩卡奶油

11 加入与速溶咖啡等量的热水。

12 黄油从冰箱内取出软化，然后用木铲搅拌光滑。

13 蛋黄放到碗内，用电动打蛋器轻轻搅打。将B放在小锅内开小火加热（效果较小，用照片中的金属网可确保其稳定）。

14 细砂糖熔化成糖浆，待小气泡消失且出现大泡时，就可以关火了。一边用电动打蛋器搅打，一边倒入蛋黄内。

15 糖浆全部加入后充分搅拌，冷却后继续打发，搅打至蛋黄酱状。

16 为了增加香气，往11里加入咖啡和甘露咖啡力娇酒，用硅胶铲搅拌均匀。如果没有甘露咖啡力娇酒，可以用朗姆酒代替。

17 分2~3次加入12的黄油，充分搅拌。然后装到裱花袋内，放在冰箱里冷藏15分钟。冷藏后，更容易挤出。

＊润饰

18 将10的冷藏达垮司呈旋涡状抹上17的奶油。

19 再点缀上3颗葡萄干，再拿一个达垮司夹上即可。

小点心适合赠送亲友

像达垮司这种小点心是非常适合赠送给亲朋好友的。逐个装在透明包装袋或用玻璃纸包裹，然后2~3个一组装在一个精致小箱或者平铺在纸盒里，美观又大方。

除了摩卡奶油，也可根据个人喜好，夹入果酱，别有一番风味。

第三章

冰凉爽口冷甜点

布丁、巴伐利亚奶油、冰淇淋……

让烤箱稍事休息一下，我们一起制作冰凉爽口的冷点心吧！

这一章节介绍的点心全都是口感爽滑、冰爽宜人的。

基本都是将材料混合、凝固，初学者也很容易上手。

作为招待客人的饭后甜点，

肯定能赢得客人满堂彩！

利用鸡蛋与牛奶的原味
搭配出柔和的美味♪

焦糖布丁

用鸡蛋、白砂糖、牛奶等简单的材料制作而成基础款布丁。
布丁液倒在焦糖之上，然后只需放入烤箱蒸烤一下即可。
为了保证布丁口感爽滑，蛋液务必事先过筛。

材料
（口径 5.5cm 的布丁模具 6 个份）

焦糖
- 白砂糖 …………… 40g
- 水 ………………… 1 大匙

布丁液
- 鸡蛋 ……………… 3 个
- 白砂糖 …………… 60g
- 牛奶 ……………… 300mL

准备工作

- 鸡蛋、牛奶预先从冰箱取出。
- 烤箱预热至 170℃。

＊制作焦糖

1 将砂糖和水倒入小型厚底锅中，开中火加热，不停摇晃锅，煮干水分。

2 变成焦糖色之后关火，分别倒入布丁模具中，并快速摇晃模具使焦糖铺满模具底部。

＊自作布丁液

3 将鸡蛋打入碗中，用打蛋器搅拌，加入白砂糖后继续搅拌均匀。需要注意如果鸡蛋打发，做出的布丁会产生一些气孔（蜂窝状的小洞），影响口感。

4 将牛奶倒入锅中，开中火加热至沸腾之前。然后一点点加入到步骤3的材料中，然后轻轻搅拌。

5 用过滤网过滤。若不过滤，鸡蛋会残留白色块状物，所以为了能享受到爽滑口感，务必事先过筛。

6 用厨房用纸轻刮布丁液表面，将气泡刮到跟前，然后去除。

7 将步骤2的模具摆放在有一定深度的平底盘（或烤盘）上，用汤勺均等倒入布丁液。

＊放在烤箱中蒸烤

8 放在烤盘上，缓慢倒入半盘开水（40~50℃），放入预热至170℃的烤箱中烤制20分钟。微微摇晃模具，如果能感到布丁凝固了，那么就制作完成了。从烤箱中取出冷却，余热散去后，放入冰箱中冷藏。

＊从模具中取出

9 沿着布丁的边缘按压使其产生一定间隙，随后用细长的刀具插入旋转一周。

10 用一个盘子扣在模具上，连带盘子一起翻转过来，轻轻摇晃后取出布丁。

布丁的原义是香肠?

布丁的英语是Pudding，正式名称应该是“custrard pudding”。关于布丁的语源众说纷纭，一说英美人发音听上去就是布丁，一说是根据布丁的触感而命名的。甚至还有源于拉丁语“boutullus”（香肠）、源于古英语“puduc”（瘊子）的说法。不管哪种说法，做法都是将原料混合，用面皮包裹蒸熟而成，所以容易让人联想到香肠，“boutullus”又经过各种曲折最终演变成“pudding”，这一说法似乎更有说服力。

材料

（120mL 的耐热碗 3 个，口径 5.5cm 的布丁模具 6 个份）

布丁液

- 鸡蛋 ………………… 3 个
- 砂糖 ………………… 60g
- 牛奶 ………………… 300mL
- 红茶叶 ……………… 5g

焦糖（参照 P113）……全量

准备工作

- 鸡蛋预先从冰箱中取出。
- 烤箱预热至 170℃。

1 按照焦糖布丁（P113~114）步骤3~8制作布丁液并烤制。其中步骤4牛奶加热至沸腾之前关火，然后加入红茶叶盖上锅盖闷5分钟。然后将牛奶筛入鸡蛋液中。

2 吃的时候可添加焦糖。

a 红茶推荐使用香味较佳的格雷伯爵茶。盖上锅盖闷过之后，香味与风味更为突出。

红茶布丁

布丁液中加上红茶叶，浓郁飘香的红茶布丁就制作出来了。再淋上焦糖，尽情享受两种美味的布丁吧。

香草布丁

在家也可以简单制作时下最流行并具有丝滑口感的布丁。
使用大量奶油实现最柔滑的口感。
根据喜好也可以淋上枫糖浆。

材料（布丁模具 6 个份）

鸡蛋…………………… 2 个
蛋黄…………………… 2 个
牛奶…………………… 250mL
鲜奶油（动物奶油）
………………………… 200mL
细砂糖……………… 60g
香草豆荚…………… 1/2 根
枫糖浆……………… 适量

材料知识

枫糖浆

由糖槭树分泌的树液制作而成，具有独特芳香的糖浆。根据厂家不同，香味也各有特点。

准备工作

- 将鸡蛋、牛奶和鲜奶油提前 30 分钟以上放置室温下。
- 烤箱预热至 160℃。

＊制作布丁液

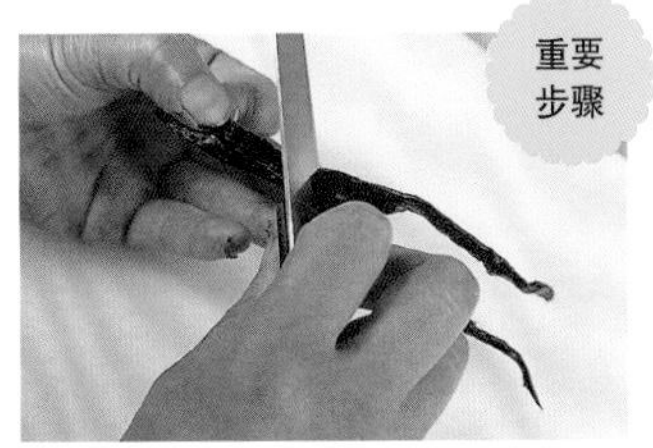

1 香菜豆荚（参照P132页）竖着切开并用刀尖捋出种子。将豆荚、种子、牛奶与鲜奶油一并放入锅中，开小火慢慢加热（不沸腾）。

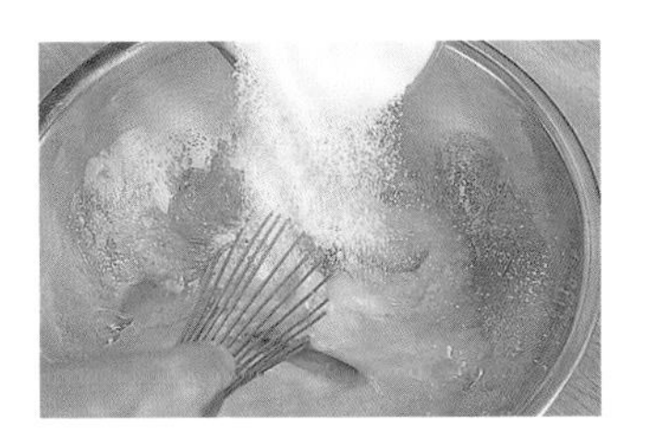

2 搅拌鸡蛋和蛋黄并加入细砂糖，随后用打蛋器充分搅拌光滑。

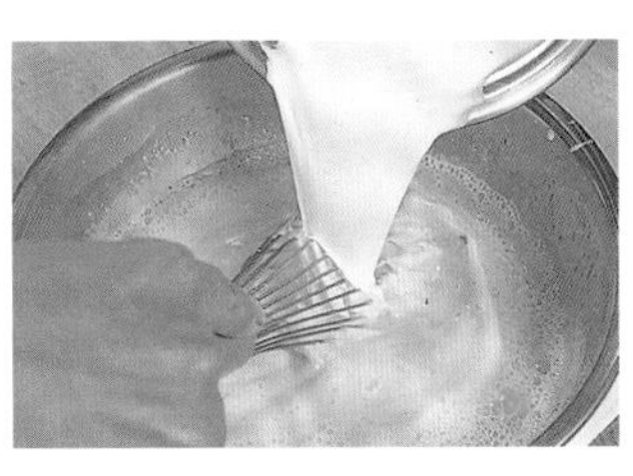

3 快速搅拌的同时倒入加热好的步骤1。

4 再一次过筛，去除香草豆荚与鸡蛋结块。

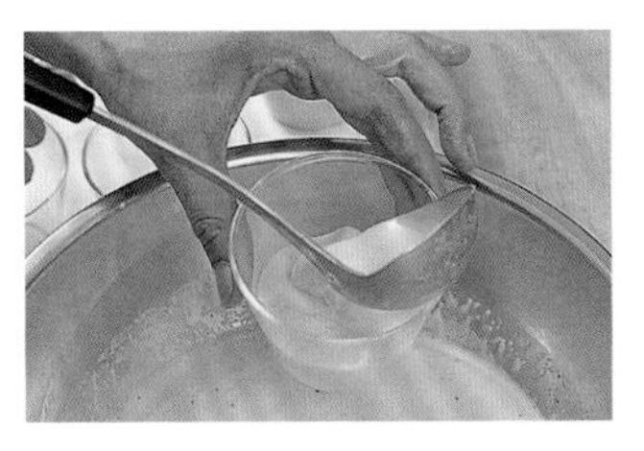

5 缓慢倒入布丁模具中，中途尽量不要让液体起泡。

＊闷蒸布丁

6 为了不让模具打滑，需在平底盘铺上厨房用纸（或抹布），然后将布丁模具摆放在平底盘上。布丁液的表面若起泡则成品布丁会产生气孔，发现有泡舀出即可。

7 向平底盘中倒入约2cm高的开水，放在预热至160℃的烤箱中烤制40分钟（隔水蒸烤）。

8 试着倾斜模具，能看到表面有弧度、布丁液流不出，就说明火候刚好，即可浇上枫糖浆尽情享用了。也可根据个人喜好，等冷却后放入冰箱内冷藏。

没有烤箱亦可制作美味的布丁！

蒸笼

将模具放入蒸笼中，罩上屉布，然后盖锅盖，开大火 2~3 分钟后再转小火蒸 20~30 分钟，直到布丁凝固。

锅

准备稍大的厚底锅，倒入半个模具高的开水量，罩上屉布，盖上锅盖蒸熟。水开的时候容易产生气泡，制作关键就是既要保证合适火候，又要尽量不让水沸腾。

黑芝麻布丁

使用对身体有益的黑芝麻制作完成的一道日式甜点布丁。加入明胶片后，可以自然冷却凝固，不使用烤箱或蒸笼也可以成功制作。

材料（4~6 个）

牛奶…………………… 200mL
蛋黄…………………… 4 个
白砂糖………………… 100g
黑芝麻酱……………… 140g
鲜奶油（动物奶油）
……………………… 200mL
明胶片………………… 1.5g x 4 片
朗姆酒………………… 1 大匙
淡奶油………………… 适量
枸杞…………………… 适量
喜欢的饼干…………… 适量

材料知识

芝麻酱

用芝麻研磨而成的糊状物，有黑芝麻酱与白芝麻酱，也有甜味芝麻酱，这里我们推荐选用原味芝麻酱。

准备工作

- 将蛋黄、牛奶与鲜奶油提前 30 分钟以上放置室温下。
- 明胶片依次泡入水中。泡到轻拉一下也不会破损的软度之后，就可以取出拧干水分。若选用明胶粉，5g（1/2 大匙）需要加入其 3 倍的水量搅拌浸泡。

如果一次性将全部明胶片一起浸泡，容易粘在一起，需要一片片依次浸泡。

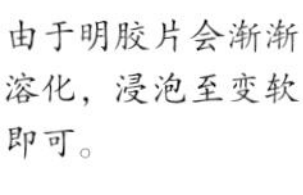

由于明胶片会渐渐溶化，浸泡至变软即可。

＊制作布丁液

1 锅中倒入牛奶，开火加热。蛋黄、牛奶加入碗内，用打蛋器搅拌至光滑。

2 步骤1的牛奶沸腾后关火，边加入蛋黄边搅拌，鸡蛋完全倒入之后，高速充分搅拌。

3 趁热将变软的明胶片分次加入，并用打蛋器搅拌溶化。这时若没有完全溶化，可以隔热水（参照P172）加热搅拌。

4 趁还有余热时加入芝麻糊，用硅胶铲搅拌光滑。因为完全冷却下来后，芝麻糊会凝固不易搅拌，窍门就是趁热尽快搅拌。

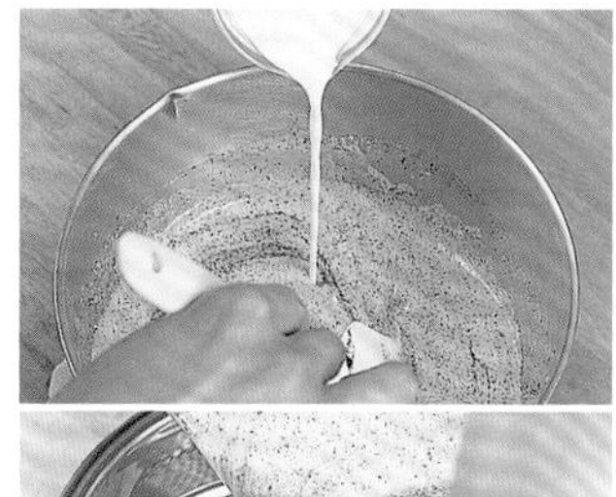

5 加入鲜奶油继续充分搅拌，为了保证软滑口感，需要再次过筛。

6 倒入朗姆酒，在碗底接上冰水冷却，搅拌至呈黏稠状。

＊冷却凝固

7 将材料倒入模具中，放入冰箱内冷却凝固。完全凝固之后可根据个人喜好添加淡奶油、泡开的枸杞与饼干等。

入口瞬间能感到气泡“爆炸”

苏打果冻

只需将苏打水与水果一并冷却凝固即可制作而成。
制作要点是不沸煮明胶片、
加入苏打水后同轻轻搅。
十分适合当作酷暑时的零食、盛宴后的甜点。

材料
(3~4 人份)

苏打水………………250mL
白砂糖………………20g
明胶粉………………5g
喜欢的水果（芒果、木莓
与麝香葡萄等）……150g

（注）新鲜的菠萝与猕猴桃会发挥酵母的功能导致明胶片凝固，请勿选用。

准备工作

- 在容器中加入 2 大匙的水并撒入明胶粉浸泡。如果将水加入明胶粉中，则会产生结块，需要多加需注意。
- 芒果剥皮去核，切成 1cm 的小块。麝香葡萄也剥皮并分成 2~4 等份。洗净木莓，用厨房用纸吸取水分。

＊制作果冻液

重要步骤

1 苏打水50mL与白砂糖倒入锅内，中火加热，砂糖溶化、锅开之后关火。加入浸泡好的明胶粉，用硅胶铲搅拌溶化后倒入碗中。沸腾时加入明胶粉，不易凝固且会散发出特殊的怪味，务必先关火再加入。

重要步骤

2 将剩余的苏打水沿碗边缘倒入并缓慢搅拌。需要注意，如果搅拌过快会导致苏打水中的碳酸流失。

3 碗底隔冰水继续搅拌。

＊加入水果并冷藏

4 黏稠后放入水果粗略搅拌一下倒入平底盘中。

5 放进冰箱里冷藏2小时以上，用勺子搅碎舀出，放在杯子里尽情享用吧。

巧克力慕斯

不使用明胶片，用巧克力凝固的简易甜点。
为了保证柔滑的口感，
窍门就是充分打发蛋白，
并充分搅拌均匀。

浓郁的巧克力
弥漫在口腔内

材料（6个份）

点心专用黑巧克力… 80g
无盐黄油…………… 50g
鸡蛋………………… 2个
细砂糖……………… 20g
A
鲜奶油（动物奶油）
…………………… 100mL
细砂糖………… 10g
巧克力利口酒……… 1大匙
薄荷叶、黑莓……… 各少量

准备工作

- 将黄油、鸡蛋提前1小时（夏季30分钟）从冰箱取出放置室温下。
- 鸡蛋分开蛋黄与蛋白（参照P132）
- 巧克力用刀切成小块（参照P137）

＊熔化巧克力

1 将巧克力与黄油放入碗中，隔热水加热熔化（参照P172）。静待一段时间等熔化一部分后，移开热水，用硅胶铲搅拌均匀。

＊搅拌材料

2 加入搅打均匀的蛋黄，加入巧克力利口酒，充分搅拌。

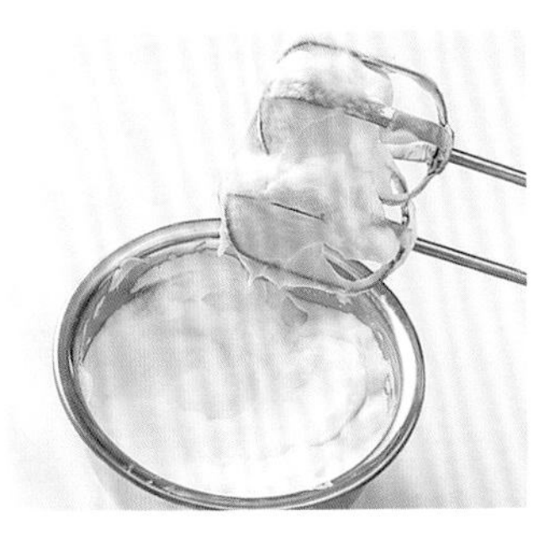

3 在别的碗中放入蛋白，分2次加入细砂糖，并用打蛋器发泡至舀起能起一个尖为止，制作蛋白酥皮。

重要步骤

4 在步骤2的材料中加入步骤3蛋白酥皮的1/3，用打蛋器充分搅拌。剩下的分2次加入并注意不要破坏泡沫，用硅胶铲粗略搅拌。

5 在碗中放入材料A，用打蛋器六分打发（参照P171），提起打蛋器，不断往下流即可。

6 加入步骤4并用打蛋器搅拌。

＊冷却凝固

7 用勺子舀进容器内，放入冰箱内冷藏1小时以上。可根据个人喜好装饰些薄荷叶与黑莓。

巴伐利亚蛋糕

想要真正领略牛奶的美味，那就品尝一块巴伐利亚蛋糕吧。用鲜奶油提升醇厚度、用洋酒增添芳香度，装在简单模具内冷却凝固即可制作而成。可以装饰上水果与香草，增添可爱和稳重感。奶白色的甜点可以更加自由享受装饰的乐趣。

朴素的造型
装饰上水果和香草吧！

巴伐利亚蛋糕的制作方法

材料（果汁冻模具 6~7 个份）

牛奶……………………300mL
香草豆荚……………1 根
细砂糖………………80g
蛋黄…………………3 个量
明胶片………………1.5gx4 片
鲜奶油………………150mL
意大利苦杏酒………1 大匙
水果、香草…………各适量

准备工作

- 牛奶提前从冰箱中取出。
- 明胶片放入碗内，加入大量清水浸泡，浸泡至用手能拉出些许长度即可（参照 P119）。如果使用明胶粉需要 5g（1/2 大匙），放入其 3 倍水量中搅拌并浸泡。
- 香草豆荚沿竖直方向分开刮出种子（参照 P132）。

＊混合鸡蛋与细砂糖、加入牛奶

1 将香草豆荚与种子放入锅中并加入牛奶，开小火加热。蛋黄放入碗内，用打蛋器简单搅拌，加入细砂糖搅拌至光滑为止。

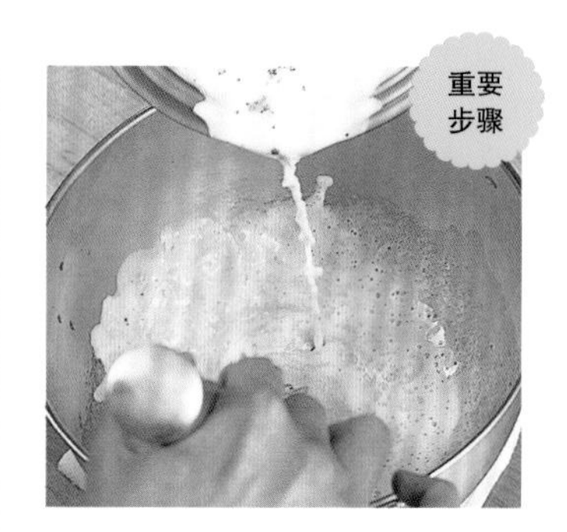

2 牛奶加热时，趁锅边开始沸腾之际（不要让牛奶完全沸腾），将步骤 1 的蛋黄一气倒入并充分搅拌。

3 为了保证柔滑的口感，材料需过筛倒回锅中。

材料知识

意大利苦杏酒

含有杏仁的清香利口酒。制作杏仁豆腐时经常用它来提香。如果没有，可选用白兰地或朗姆酒，或者不放也没关系。

简单模具可以各准备 6~7 个

模具种类非常多，若选择没有凹凸的简单模具，一款模具就可以制作布丁、果冻或巴伐利亚蛋糕等。

4 开小火，不断地搅拌，一直小火加热至黏稠状。用木铲舀起一些，用手指按压，能留下指印的程度即可。

＊添加明胶片

5 拧干明胶片中的水分，步骤4的锅关火，一片片依次加入锅内，搅拌溶化。

6 过筛倒入碗中。这里注意不要被烫伤。

＊散去余热

7 在碗底隔冰散热，通过轻轻搅拌冷却至黏稠。由于材料变冷之后会凝固，隔冰水冷却时间不易过长，只需冷却至不烫手的程度即可。

＊打发鲜奶油并与鸡蛋混合

8 在碗中倒入鲜奶油，隔冰水打发至微稠的程度（与步骤4程度相同）。

9 加入步骤7的材料，用打蛋器搅拌软滑，根据个人喜好可随意添加一些意大利苦杏酒。

＊冷却凝固

10 为了保证稍后更容易取出，将材料倒进内壁沾湿的模具中，放入冰箱中冷藏。

11 凝固之后，把模具放在装有温水的容器中静待片刻取出。随后可装饰一些喜欢的水果（P124~125照片的油桃）和香草（P125照片的细叶芹）。

提拉米苏

提拉米苏诞生于意大利，意为“带我去，拉我起来”。
蛋糕坯内吸收了足量的咖啡糖浆，
再加上柔滑的芝士奶油，便制作而成。

材料

（边长 12cm 的正方形容器 2 个份）

鸡蛋……………………2 个
白砂糖…………………60g
鲜奶油（动物奶油）…50mL
马斯卡邦尼芝士………125g
意式咖啡………………1 杯
（或选用速溶咖啡 3 大匙与 200mL 开水冲成的咖啡）
手指饼干………………12 块
意式咖啡粉……………适量

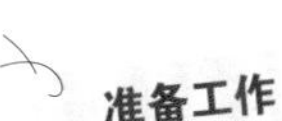

准备工作

- 将马斯卡邦尼芝士提前从冰箱中取出。
- 将鸡蛋分成蛋黄与蛋白（参照 P132），分别放入大碗中。

＊制作蛋糕坯

1 在蛋黄中放入30g白砂糖，用电动打蛋器打发。

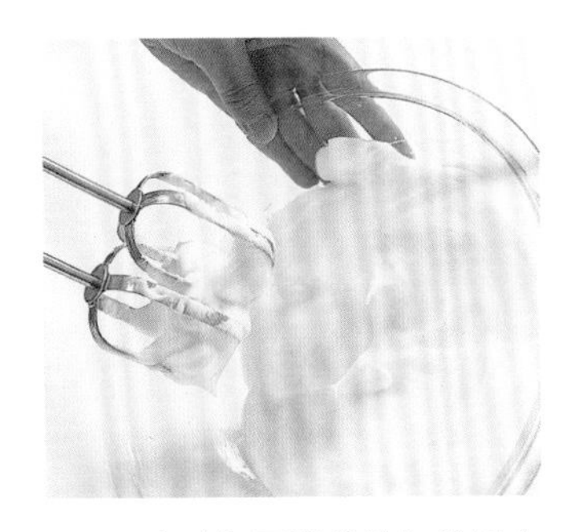

2 用电动打蛋器简单打发蛋白后，加入剩余的白砂糖，继续打发，打至提起打蛋器，蛋白能立起一个尖为止。

3 鲜奶油放入碗内，用电动打蛋器打发，打至提起打蛋器，奶油能有弯弯的小尖角即可。

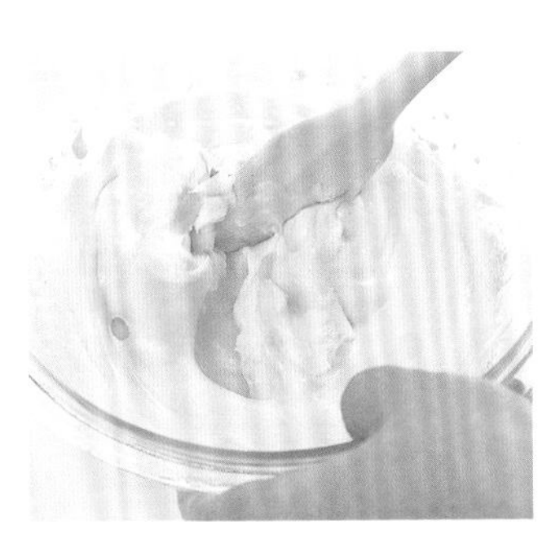

4 将马斯卡邦尼芝士中加入到1中，充分搅拌，混合均匀后再加入3，继续充分搅拌。

5 然后加入一半步骤2中的材料，用硅胶铲搅拌混合。搅拌时尽量不要破坏泡沫。

＊浸泡饼干

6 将手指饼干摆在平底盘中，倒入意式咖啡浸泡。

＊润饰

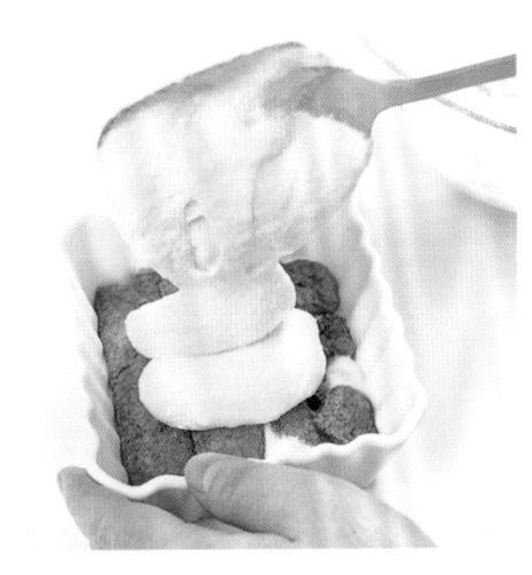

7 在容器中按照5、6、5、6的顺序分别放入1/4量，最后撒上一些意式咖啡粉。按照同样工序制作另一个。随后一并放入冰箱内冷藏30分钟以上。

香草冰淇淋

你不想亲手尝试制作平时都是买来吃的冰淇淋吗？神奇的是，只要搅拌几次就能做出的冰淇淋，味道异常好吃。

用鲜奶油、鸡蛋和牛
奶制作出来的冰淇淋，
更有幸福的味道！

香草冰淇淋的制作方法

材料（成品约500mL）

牛奶……………………300mL
鲜奶油（动物奶油）…150mL
香草豆荚………………1条
细砂糖…………………60g
蛋黄……………………4个量
喜欢的朗姆酒（或白兰地亦可）
…………………………2小匙
喜欢的饼干……………适量

准备工作

- 将牛奶和鸡蛋提前从冰箱中取出。
- 依次将鸡蛋打入小碗中，用手捞出蛋黄，与蛋白分开。剩下的蛋白可放入冰箱中冷藏。

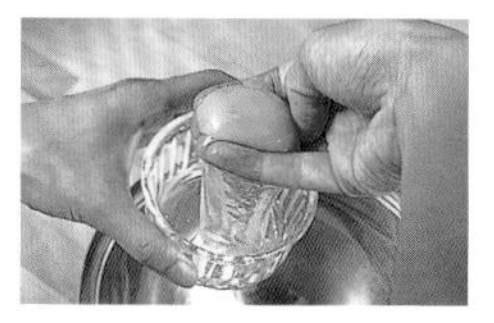

最简单分离蛋黄的方法就是直接将蛋黄净手捞出。

材料知识

香草豆荚

由爬蔓类植物未成熟的果实发酵而成，最大特征就是具有独特芳香。可在烘焙用品专卖店内买到，没有时可以用香草精代替。

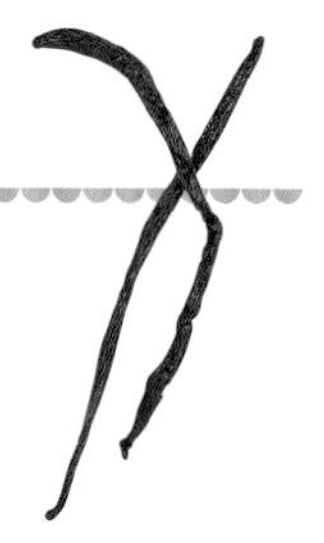

＊混合蛋黄和细砂糖，加入牛奶

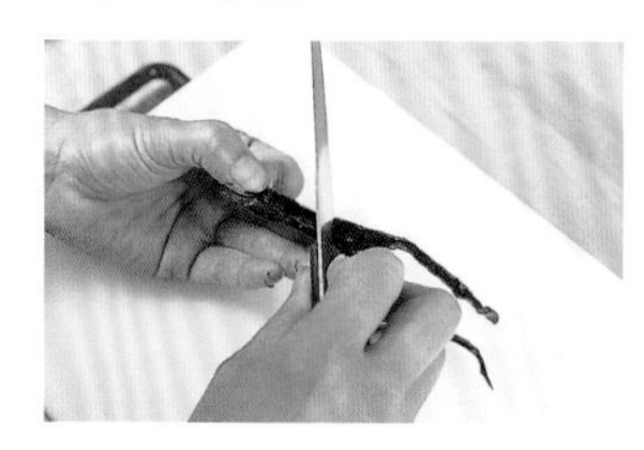

1 将香草豆荚劈成两半，用刀刮掉种子。

2 将牛奶倒入小锅中，处理好的香草连种子一并加入开火加热。

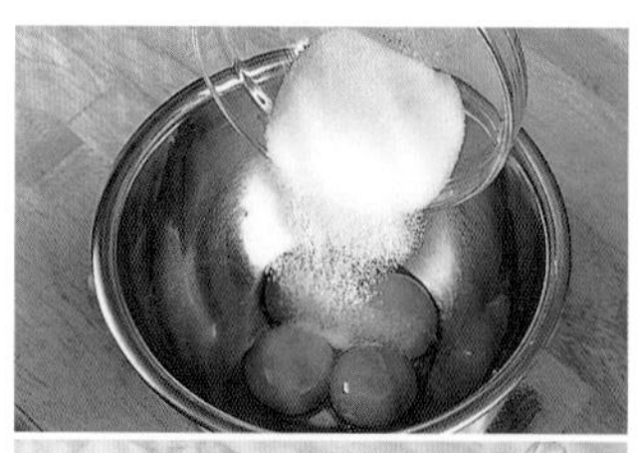

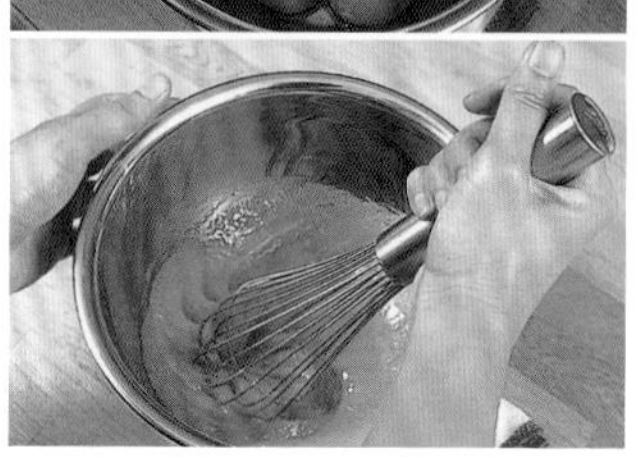

3 将蛋黄和细砂糖加入碗内，用打蛋器充分搅拌至光滑。

4 当步骤2的锅边开始起泡时关火。完全煮开后表面会起膜，注意不要让锅沸腾。

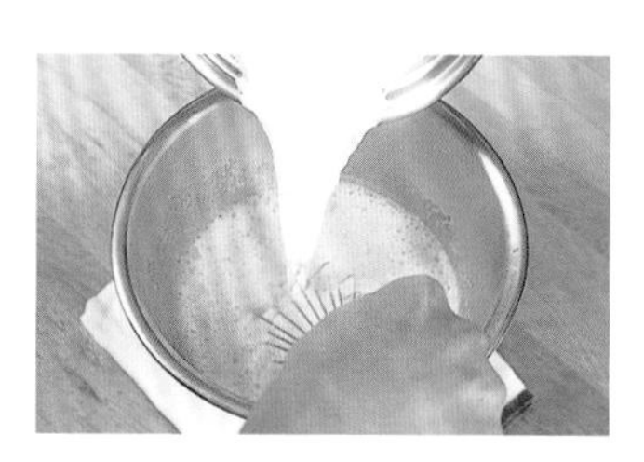

5 将步骤4的牛奶一口气倒入步骤3的碗内中，充分搅拌。

6 为了保证柔滑的口感，过筛倒回锅中。

7 开小火加热，同时不断搅拌，使其呈稠糊状。用木铲舀起一些，摁一下能残留指印的程度即可。

8 为了保证柔滑的口感，需要再次过筛倒回碗中。

9 加入朗姆酒（或者白兰地，或者不放也可），在碗底隔冰水，缓慢搅拌冷却防止起膜。搅拌成黏稠度如沙拉酱一般。

＊打发鲜奶油并混合鸡蛋

10 将鲜奶油倒入碗内，碗底隔冰水冷却，用打蛋器打发至蓬松的程度（与步骤9相同程度）。

11 加入完全冷却的步骤9的材料，并继续搅拌均匀。

＊冷却凝固

12 倒入有盖的容器（或尽量选择容易传导热量的金属容器）中，盖上盖放入冰箱中。

13 放置大约2小时，待凝固后，用勺子搅拌全部冰淇淋。在此之后每隔1小时搅拌一次，共计搅拌5次，变松软之后则大功告成。可以盛入器皿中，装饰上喜欢的饼干即可。

专栏

甜点创意包装

下面介绍几种即使没有专门的包装盒，也能巧妙利用身边小物件，完成包装的方法。

用包装纸制作袋子

将烤好的小点心与干燥剂一起放入用包装纸制作而成的袋子里，赠送给好朋友吧。将包装纸裁剪成直角三角形，以短边为轴卷成圆锥形，并在封口处贴上胶带，嵌入烤盘纸再把饼干放进去，最后在开口处贴上胶带即可。

利用塑料袋

百元店可以购买到的塑料袋，袋子分大中小，可以根据需要选择合适大小。将点心放入袋内，系上缎带、绣花线或细麻绳封口，只需根据喜好打个结，看上去就和礼品店里卖的一模一样了。

用烤盘纸包装

将烤盘纸裁剪成可以包住整个蛋糕的大小，将蛋糕放在中央，纸的边缘向内折进去。上下侧边按照包装糖块的方法向上折，并用胶带粘合捆上缎带，装饰上三叶草。

用盒子 + 塑料纸包装圆形或有角的蛋糕

将包装纸贴在与蛋糕大小相同的盒子或盒盖上，蛋糕放在铺好的烤盘纸上。塑料纸裁剪成盒子 2 倍的长度，中央放上盒子，单手抓住塑料纸的两端向中央收紧，塑料纸两段的角分别卷进去，并用胶带粘好。手持的地方系上缎带就大功告成了。

第四章

情人节巧克力甜点

让人迫不及待的巧克力甜点终于登场!
新手也可以简单制作出来，
巧克力甜点做法有很多，请务必尝试一下。
尤其是在情人节，
做一份送给那个你最重要的人吧。

被称为“石块”的方形巧
克力，在口中绵绵融化

生巧克力

需要准备 5 种材料，混合后搅拌均匀，凝固即可。
如此简单的工序却能制作出超出想象的复杂口感。
看上去仿佛很难制作，其实连新手都可以成功。

材料

（11cmx14cm 左右的凝固成型盒或容器 1 个份）

点心专用黑巧克力 ………………………… 250g
鲜奶油（动物奶油）………………………… 150mL
无盐黄油…………… 30g
白兰地……………… 1 大匙
可可（无糖）……… 适量

准备工作

- 将鲜奶油与黄油提前从冰箱中取出。
- 将硅质烤盘纸裁剪成与凝固成型盒大小相符的尺寸并铺上。

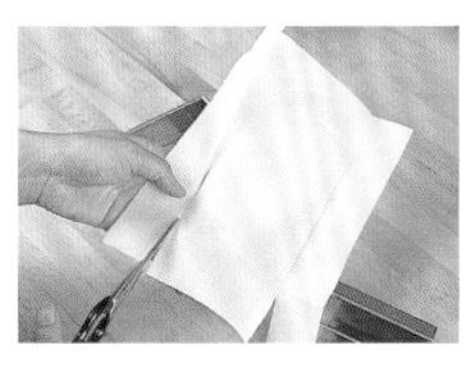

将烤盘纸裁剪成与凝固成型盒大小一致的方形，如照片折出折痕后剪出四个豁口。

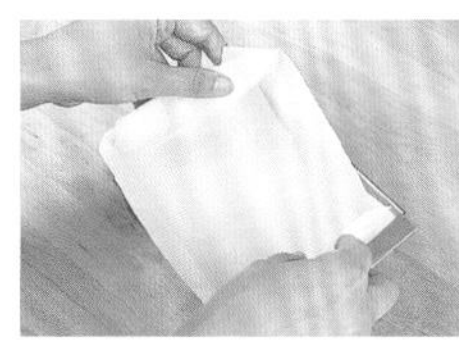

将裁剪好的烤盘纸放进凝固成型盒内。

选择优质巧克力

生巧克力味道的好坏主要取决于原料巧克力。请尽量选用专门制作点心用的黑巧克力，而不是成品的巧克力板。专门用于制作点心涂层的巧克力也不适合，请注意不要选错材料。

＊巧克力切块

1 巧克力从一端向里一点点削切。这时将巧克力放在厚纸上切，不会弄脏砧板，也方便随后将巧克力移至碗中。

2 为了将细长的巧克力切得更细，90° 转动垫纸，用菜刀继续切碎巧克力。

3 巧克力切成粉末之后倒在小碗里。

4 用木铲将从冰箱内取出的已软化的黄油搅拌成奶油状。

＊加入煮好的鲜奶油

5 将鲜奶油倒入小锅中，开稍强的中火。煮沸后把大约1/3量倒入步骤3内。

6 转动碗让热奶油充分铺开。

7 然后加入剩下的鲜奶油，这次用勺子搅拌巧克力，直至粒状物消失。如果发现巧克力一直不溶化，那就碗底隔热水加热（参照P172）溶化。这时的巧克力就被称为“甘纳许”。

＊添加黄油

8 分两次加入黄油，趁温度还没下降的时候快速搅拌，使其变得柔滑。

9 加入喜欢的白兰地后再次搅拌。

＊冷却凝固

10 将巧克力倒入铺好烤盘纸的凝固成型盒（或封闭容器亦可）中。

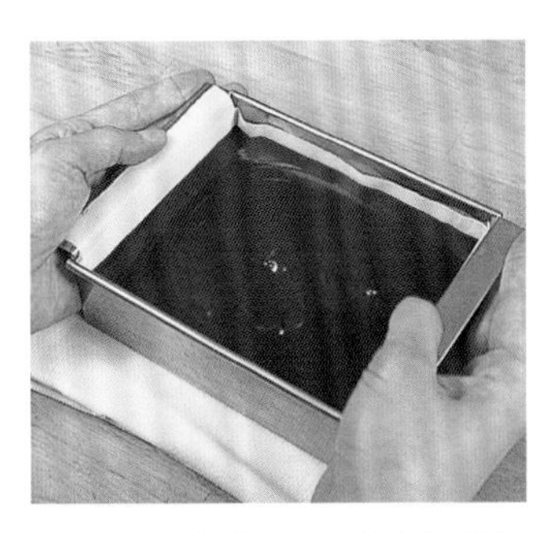

11 稍举起凝固成型盒使其掉落在桌面上，这样重复数回让表面变得更平整。之后放入冰箱中冷藏凝固。

＊润饰

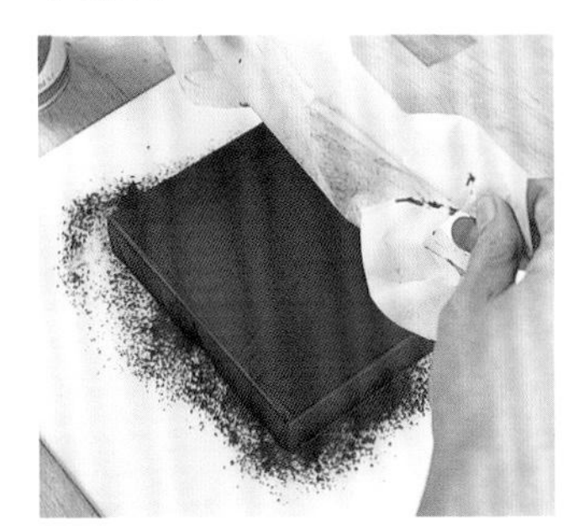

12 冷藏约2小时后，连同烤盘纸一起取出，放在撒有可可粉的砧板上，并揭掉烤盘纸。

13 巧克力表面筛上大量可可粉。

14 从一端切成6等份，再横向切成4等份，切成24块。如果巧克力冷冻得过于结实不易切开，就用热水冲洗菜刀，擦净水渍再切即可。

15 拿起一块巧克力让侧面都粘上可可粉。放在冰箱蔬菜冷藏室内以10℃左右的保存（如果温度过低，黄油会凝固，影响口味）。

亲手制作巧克力
送给最重要的人！

生巧克力的美味会让你想亲手制作，送给心中那个重要的人。用雅致的包装纸装饰一番，亲手递给对方吧。

造型巧克力

缔造巧克力的绝妙口感与光泽无比的成品需要巧克力调温这一道重要工序。关键点就是用温度计测量出精准温度，慎重完成制作。切记不要凭感觉，制作有耐心，严格按照步骤操作，就一定会出色完成，加油吧!

注意温度
将熔化的巧克力
再次凝固即可
IS THERE
ME THAT
...CERTAINLY
YOUR RIGHT

造型巧克力的制作方法

材料（大约 20 个份）

点心专用黑巧克力………300g

甘纳许

- 点心专用黑巧克力 ……150g
- 鲜奶油（动物奶油）…75mL
- 洋酒（朗姆酒，樱桃酒等）…………………………1 大匙

准备工作

- 准备一个制作点心专用的温度计。
- 用刀将巧克力切碎（参照P137）。
- 裱花袋装上直径 1cm 的圆形裱花嘴，并将裱花嘴上部拧紧，塞到裱花嘴内，立在小碗或杯子中。
- 模具用水洗净擦干。

＊制作甘纳许

重要步骤

1 将鲜奶油倒到碗内，微微加热（注意不要过热，否则巧克力容易油水分离）。关火并加入切碎的巧克力，用木铲搅拌熔化。

2 将巧克力奶油倒进干净的碗内，等余热散去后加入喜欢的洋酒。待完全冷下来后，再用打蛋器充分搅拌。这时的巧克力就被称为甘纳许。

3 将切碎的巧克力倒进干燥的碗内，隔着50℃的开水隔水加热（参照P172）。用木铲充分搅拌使其完全融化。

重要步骤

4 移开热水，用木铲搅拌，同时注意尽量保持不要让空气混合进去，观察温度，待温度降至 26℃。时不时在碗底隔水冷却，以便温度准确。

5 再次隔热水加热，使温度上升至29℃~31℃并尽量保持。若温度上升至32℃以上则需重复步骤3。巧克力呈现光泽，完全变得柔滑则完成调温工序
（参照P174）。

＊倒入模具中冷却凝固

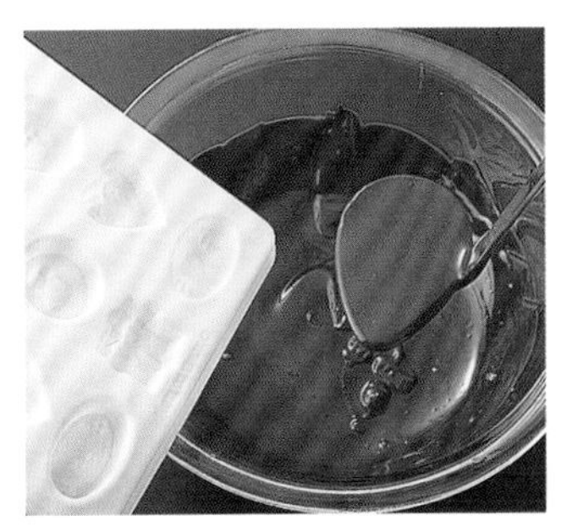

6 若巧克力中含有水分，定型就会不完美，需要提前充分擦干模具。然后把调温好的巧克力倒入模具内。

7 轻敲模具侧面除去巧克力内多余的空气。快速地翻转模具将多余的巧克力倒回碗中，粘在模具表面的巧克力用长刀刮掉。

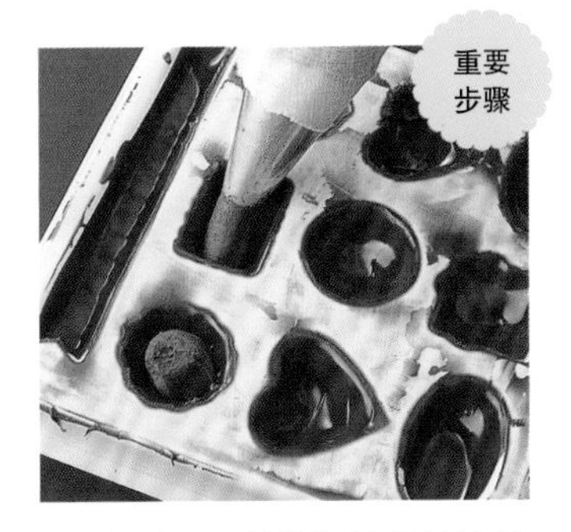

8 将步骤2制作好的甘纳许放入准备好的裱花袋中。在粘有巧克力的模具正中间挤入甘纳许。

9 再次倒入调温好的巧克力，并刮掉多余的巧克力，放入冰箱中冷藏。完全凝固后，轻敲模具即可取出。

一起认识一下巧克力的种类吧

巧克力分为点心专用与食用两种。制作点心专用的巧克力含有较多可可浆，添加物含量少，分苦巧克力、黑巧克力、牛奶巧克力和白巧克力4种类型。食用巧克力为了尽量保证原味，加工使其变得不易熔化，并加入了白砂糖、香料等添加物增加其独特风味。

苦巧克力　黑巧克力　牛奶巧克力　白巧克力　巧克力板

松露巧克力

简单来说的话，松露巧克力就是把生巧克力揉成团，裹上巧克力浆制作而成的。松脆的巧克力外壳包裹着口感丝滑的甘纳许，区别于一般生巧克力的味道。

材料（24 个份）

点心专用黑巧克力…100g
鲜奶油……………………90mL
无盐黄油………………20g
白兰地（或朗姆酒）
……………………………2 小匙
可可脂板………………100g
可可粉（无糖）……适量
糖粉……………………适量

准备工作

- 将鲜奶油和黄油提前从冰箱中取出。
- 巧克力用刀切碎（参照 P137）
- 裱花袋口装上圆形裱花嘴，并将裱花嘴上部拧紧，塞到裱花嘴内，立在小碗或杯子中。

＊制作甘纳许

1 参照P137~138步骤1~9，制作巧克力馅。

＊挤出巧克力

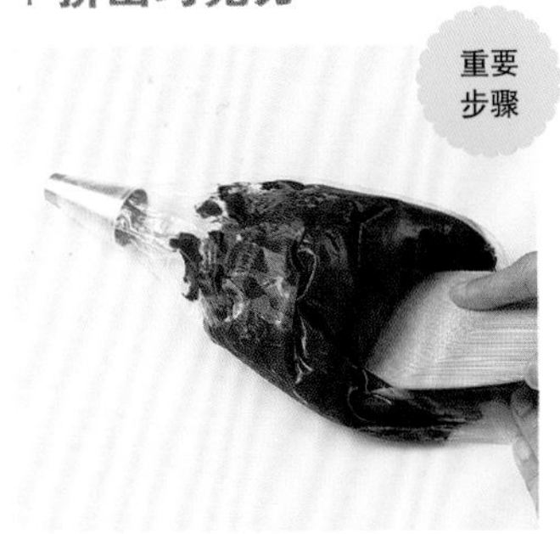

2 将步骤1的巧克力装入准备好的裱花袋中，放在冰箱冷藏2小时左右，凝固成可以挤出的硬度即可。为了防止混入空气，需要用木铲将巧克力刮向裱花袋的前端。

3 在铺好烤盘纸的平底盘上挤出24个巧克力球。之后轻轻盖上保鲜膜再冷藏1小时。

＊修整外形，制作涂层

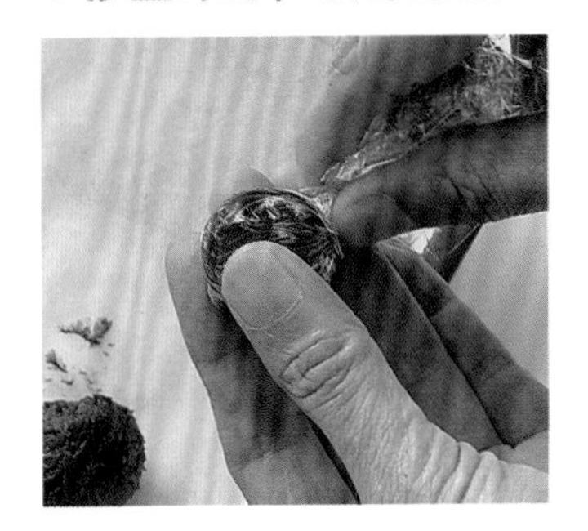

4 用保鲜膜包上巧克力球，封住口将其修整成圆形。

5 可可脂板切块隔热水加热熔化（参照P172）。

6 用叉子叉住巧克力球放入步骤5的可可脂中，使整体涂满巧克力后，取出放在烤盘纸上。

＊润饰

7 趁凝固之前，可根据个人喜好进行装饰。可可粉或糖粉需筛上。

8 可以用勺子将步骤5多余的巧克力反复拉几条线，作为成品的装饰。然后再放入冰箱中冷藏1小时以上凝固。完成之后，需用刀将巧克力与烤盘纸刮开。

杏仁巧克力

外裹焦糖的杏仁，
加上巧克力与可可粉的外壳。
充满微苦的芳香，
一吃就根本停不下来。
虽然需要花点功夫，
但绝对值得一试。

材料（方便制作的量即可）

点心专用牛奶巧克力…250g
白砂糖……………………60g
杏仁（无盐、干炒）…200g
无盐黄油…………………10g
可可粉（无糖）………适量

准备工作

- 准备一个制作甜点专用温度计。
- 将巧克力切碎（参照P137）放入碗中。
- 砧板铺上烤盘纸。

＊制作焦糖外衣包裹杏仁

1 在厚底锅中倒入白砂糖和2大匙水，开中火煮同时搅拌。等有小泡都从锅底冒出时即可关火，加入杏仁并用木铲搅拌。

2 一直搅拌至糖浆与杏仁混合，表面开始发白为止。

3 再开中火，使白砂糖熔化变成焦糖色，等到有微烟飘起并啪啪作响时，即可调至小火。

4 杏仁全部包裹上焦糖外衣之后关火，加入黄油再搅拌。

5 迅速将杏仁移到烤盘纸上，注意不要被烫伤，同时一粒一粒铺开。如果杏仁之间贴着，等凝固后会粘在一起，这时需要尽快铺开。放在阴凉处，冷却凝固。

＊融化巧克力

6 参照P142~143的步骤3~5融化巧克力。

＊制作巧克力外衣

7 等杏仁完全冷却下来之后放在碗中，用长柄勺舀入1杯左右步骤6的巧克力。用铲子有节奏地从下往上翻转搅拌使巧克力充分包裹每一粒杏仁。

8 等到巧克力外皮凝固、没有光泽之后，再舀入1杯左右的巧克力。一直重复这道工序直到巧克力用完。需要注意的是，如果一次性加入全部巧克力，有可能导致巧克力不能完全包裹在杏仁上。

＊润饰

9 最后一次加入巧克力，在完全凝固之前移至另一个碗内。撒上一些可可粉，摇晃碗使杏仁巧克力粘上可可粉，然后去除多余的可可粉。

材料

（直径 4~5cm、10~12 块份）

点心专用牛奶巧克力（或白巧克力）…………………… 100g
干杏仁……………… 2~3 个
开心果（无盐）…… 10~12 粒
腰果（无盐）……… 5~6 粒
橘子皮……………… 适量
葡萄干……………… 10~12 粒

准备工作

- 准备一个制作甜点的专用温度计。
- 杏仁按放射状切成 6 等份。腰果纵向切半。橘子皮切成 2cm 的条。
- 巧克力切碎（参照 P137）放入碗中。

＊熔化巧克力

1 参照P142~143步骤3~5熔化巧克力。

＊将巧克力滴成圆形

2 在桌上铺张烤盘纸并用勺滴一些步骤1的巧克力。这里不要用勺子摊开而是让巧克力自然下落形成一个圆形。大小一致，成品会更漂亮。

＊润饰

3 等巧克力表面开始变硬后，可以适当放一些坚果在上面。常温放置使其凝固（若室温在18℃以上则放入冰箱中冷藏），然后慢慢从纸上剥离下来。

干果四拼盘

这道甜点在法文中的意思为“接受施舍”，是根据四个化缘修道教会服装的颜色制作而成。坚果装饰在薄薄的巧克力上，看起来就很美味可口。

谷物巧克力棒

美味的秘诀就是：
混合各种有嚼劲的原料。
谷物也可以选用无糖玉米。
可做零食，
也可当作礼物赠送他人。

材料
（20cmx20cm 的四方形模具 1 个份）

巧克力板（黑巧克力）
…………………………120g
棉花糖………………30g
谷物（混合谷物、木斯里等）
…………………………50g
饼干…………………25g

准备工作

- 棉花糖切成小块（小型棉花糖不用）。饼干装入厚保鲜袋中并用擀面杖捣碎。
- 巧克力切碎（参照 P137）放入碗中。
- 模具内铺上烤盘纸。

＊熔化巧克力

1 巧克力隔水加热（参照P172），用硅胶铲搅拌熔化。

＊搅拌原料倒入模具中

2 将谷物、饼干、棉花糖加入步骤1的巧克力中搅拌，然后倒入模具中。

重要步骤

3 将模具中的原料仔细均匀铺开，常温放置使其凝固（若室温在18℃以上则放入冰箱中冷藏）。如果太厚，成品会太硬，不便于食用，需要注意一定要均匀且薄薄地摊开。

＊切开

重要步骤

4 同烤盘纸一并从模具中取出，并揭掉烤盘纸。用热水温一下刀（擦净水渍），一切两半后，再切成宽2cm的长条。如果刀从上向下一刀切下去，容易破坏巧克力的完整性，切的时候需要刀前后锯着切，切出印之后，再将刀刃嵌在印里，用力往下切，即可完美切开。

巧克力曲奇饼

只需在碗中将原料混合，然后用勺子舀在烤盘中，烘焙即可。

只要有材料，随时可以制作出令人赏心悦目的点心。

材料（约 20 个份）

A
- 低筋面粉……………… 80g
- 发酵粉……………… 1/2 小匙
- 可可粉（无糖）…… 20g
- 肉桂粉……………… 1 小匙

细砂糖…………………… 70g
无盐黄油………………… 100g
打好的鸡蛋……………… 1 个
巧克力片………………… 50g
核桃（不含盐、油）…… 30g

准备工作

- 将黄油与鸡蛋提前 1 小时（夏季 30 分钟）放置常温下。
- 烤盘纸铺在烤盘中。
- 核桃摊放在铺好烤盘纸的烤盘上，用烤炉小火烘烤 3 分钟，或者放入 100℃的烤箱内烤 10 分钟，然后冷却，用刀切块。
- 混合材料 A 过筛。
- 烤箱预热至 180℃。

＊制作饼坯

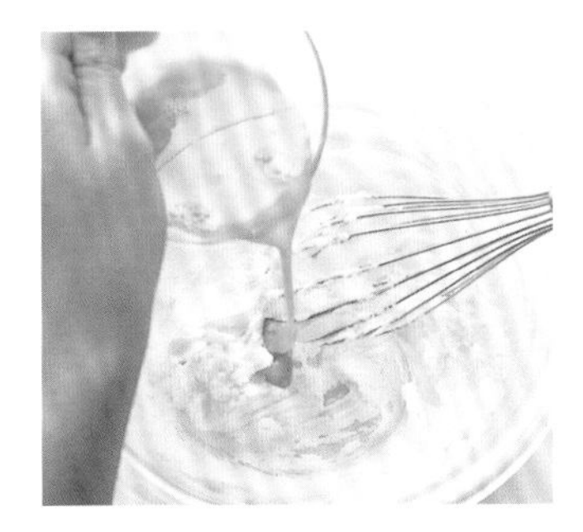

1 黄油放入碗中并用打蛋器搅拌。呈奶油状之后分3次加入细砂糖，然后继续搅拌。整体变白后，再分3次加入打好的鸡蛋液，继续用打蛋器充分搅拌。

2 筛入材料A，用硅胶铲从底向上翻拌。

3 将粉类混合成一团后加入切碎的核桃和巧克力片，用硅胶铲从底向上翻拌。

＊把饼坯舀在烤盘上

4 准备一个大匙和茶匙。先用大匙舀1杯量的饼坯，随后再用茶匙刮落在烤盘上。要领是饼干坯之间需要保持一定间距。

＊烤饼坯

5 将步骤4的饼干坯放入预热至170℃烤箱中烘焙10~12分钟。烤完之后放在金属网上冷却。为了确保在冷却阶段能够把饼坯中多余的蒸汽挥发出去，使饼干变得松脆，需要用手按压一下，感觉饼干微软即烤制成功。最后连同干燥剂一同放入密封容器中保存。

布朗尼

与微苦的咖啡奶油会产生绝妙搭配，一定要记得添加。
最佳享用时间是第二天。

材料

（18cmx18cm 的平底盘 1 个份）

点心专用黑巧克力…50g
低筋面粉……………60g
发酵粉………………1/2 小匙
可可粉（无糖）……50g
食盐…………………少许
细砂糖………………150g
无盐黄油……………100g
鸡蛋…………………2 个
核桃（无盐）………40g
鲜奶油………………100mL
A［即溶咖啡………1 大匙
　 开水……………2 小匙
装饰用杏仁…………适量

准备工作

- 将黄油和鸡蛋提前 1 小时（夏季 30 分钟）放置常温下。
- 模具中抹一些黄油（分量外），并铺上烤盘纸。
- 将核桃和杏仁干烤。预热一段时间烤炉后关火，将核桃、杏仁平摊在烤盘上，放入烤箱烤 3~5 分钟去除湿气。然后取出核桃和杏仁切碎。
- 低筋面粉、可可粉、发酵粉和食盐过筛。
- 巧克力切碎后隔水加热（参照 P172）融化。
- 烤箱预热至 190℃。

＊制作饼坯

1 熔化的黄油放入碗中，用打蛋器搅拌至奶油状后，加入熔化的巧克力再次搅拌。

2 搅拌完成之后，分3次加入细砂糖，用打蛋器充分搅拌。

3 整体变稠之后，打入1个鸡蛋，再用打蛋器搅拌。

4 鸡蛋搅拌均匀后，加入切好的核桃，用硅胶铲搅拌。

5 筛入1/3的粉类，用硅胶铲简单搅拌一下。再将剩余的粉类分2次筛入，搅拌至粉状物消失。

＊倒入模具中烤制

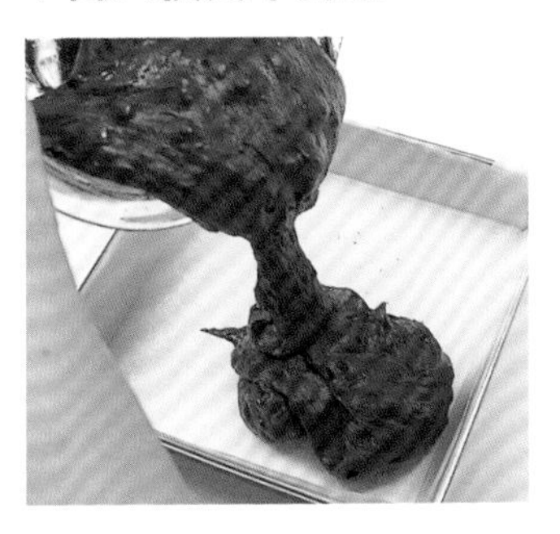

6 将饼坯倒入模具中并用硅胶铲摊开，保持表面平整。烤盘放入预热至180℃烤箱中烤制20分钟。

＊润饰

7 将模具放在金属网上冷却，等余热发挥完之后即可从模具中取出布朗尼，揭开侧面的纸切成6等份。微热一下刀，从上方切入。每切一次擦净刀面，切面会更加完美。

8 在碗中倒入鲜奶油，碗底隔冰水慢慢搅拌打发，再加入半份已经混合均匀的材料A，充分搅拌。然后加入剩余的材料A，简单搅拌一下就做好了咖啡奶油。可根据个人喜好适当添加一些在布朗尼中，最后撒上一些装饰用的杏仁即可。

专栏

巧克力甜点创意包装

情人节时包装巧克力甜点送给心爱的他。即使不用高价的包装盒，也可以使用身边随处可见的材料将点心装饰得异常可爱。

使用蜡纸来包裹或包装

推荐用来包装巧克力棒等细长的甜点。每一条都用蜡纸像糖果一般包装起来，放进长方形木制蛋糕托里。最后再用玻璃纸包起来，封口系上印花缎带。

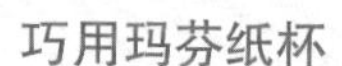

巧用玛芬纸杯

生巧克力或杏仁巧克力、松露巧克力等放入松饼杯或小纸盒中，再装进带有贴布装饰的塑料袋内，封口处系上有花边的绳子。

利用明信片充当衬纸

娇小的干果巧克力可以逐个放入明信片大小的塑料袋内包。将卡片 2 等分，用来当作衬纸。翻折的封口上分别贴个彩纸做的蝴蝶（也可利用饼干模具），并用订书机订上。

第五章

简单零食小甜点

薄饼、薄煎饼、甜甜圈、炸薯片、甜面包干、可丽饼。
每一款都是让人久久难以忘怀的甜点。
涂上大量奶油制作而成的夏威夷风味薄煎饼，
绝不输给面包店的成品甜面包干，
现在开始详细介绍这类甜点该如何制作。

适当甜度的松软美味，
可当作早餐或午餐

热松饼

开微火在平底锅上慢烤，使松饼内部也绵软。
完成后放入微波炉中，不罩保鲜膜直接加热 30 秒会变得更松软无比。

材料（8 个份）

鸡蛋…………………… 1 个
牛奶…………………… 130mL
白砂糖………………… 2 大匙
食盐…………………… 少许
低筋面粉……………… 120g
发酵粉………………… 2 小匙
香草精………………… 1~2 滴
色拉油………………… 少许
无盐黄油，蜂蜜，枫糖浆
…………………………… 各适量

准备工作

- 将低筋面粉、发酵粉、食盐混合一起过筛。

＊制作饼坯

1 将鸡蛋和牛奶加入碗中，用打蛋器混合搅拌。然后加入白砂糖搅拌融合。

2 一点点加入已过筛的粉类，同时充分搅拌。

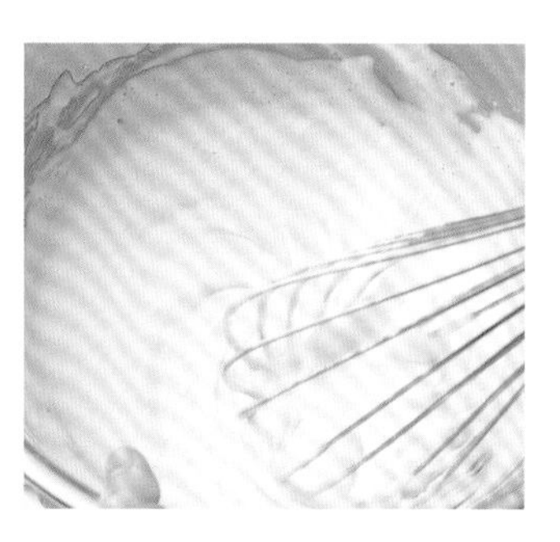

3 搅拌光滑后，加入香草精，罩上保鲜膜常温放置15分钟。

＊用平底锅烤制

4 在平底锅中倒一点色拉油，然后迅速舀2大匙步骤3的面糊放入锅内，开小火烤30秒左右。

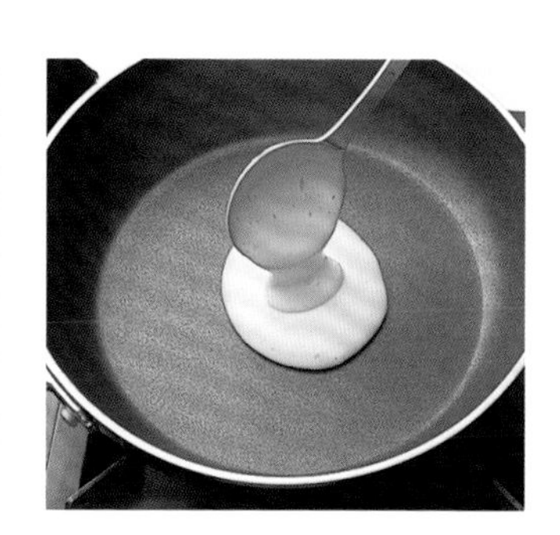

5 再加2大匙步骤3的面糊，继续烤2分钟。

6 面糊表面产生一些气孔后翻面再烤1分钟。最后在上面放一些黄油，搭配蜂蜜和枫糖浆等享用。

松软薄煎饼

最受欢迎的薄煎饼无需摆盘，在家可以随意享用。
保持松软的秘诀就是在面坯中加入酸奶。
装饰上喜欢的水果或足量的鲜奶油，
一定比面包店中卖的成品更加美味！

材料（2个份）

鸡蛋……………………1个
低筋面粉……………150g
泡打粉………………1/2大匙
白砂糖………………1大匙
原味酸奶……………200mL
牛奶……………………2大匙
无盐黄油……………1大匙
烤制用黄油（或色拉油）
……………………………少许
A［鲜奶油…………100mL
　 白砂糖…………1大匙］
喜欢的水果（香蕉、猕猴桃和草莓等等）………适量
薄荷……………………适量

准备工作

- 将鸡蛋提前从冰箱中取出。
- 无盐黄油放碗中隔热水（参照P172）软化。放入耐热容器中不罩保鲜膜，再放入微波炉中加热30秒熔化。

＊制作面糊

1 将鸡蛋打入碗中，用打蛋器轻轻搅开，再加入白砂糖、食盐、酸奶和牛奶并搅拌均匀。

2 待整体搅拌光滑后，筛入低筋面粉和泡打粉，用打蛋器搅拌。

3 粉状物消失之后加入熔化的无盐黄油，再用打蛋器搅拌。

＊用平底锅烤制

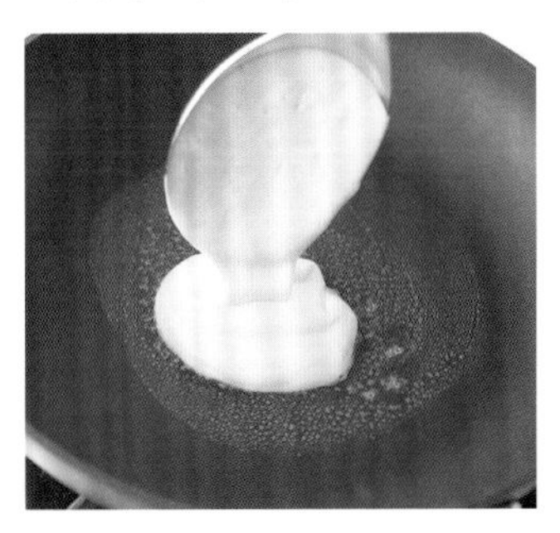

4 烤制用黄油放入预热的平底锅中融化，再用长柄勺舀半勺面糊倒入锅中，使其保持圆形，并开中火烤制。

5 待面糊边缘凝固，表面冒出一些气孔之后，翻面继续烤制。

6 等面饼烤制成金黄色，整体感觉柔软而有弹性的时候则大功告成了。剩余的面糊按照上述步骤继续烤制。

＊装饰点缀

7 碗中加入材料A，用打蛋器七分打发（参照P171），然后放进裱花袋中。

8 将烤好的面饼放在盘子中，将步骤7的奶油挤在上面（用勺子舀在上面亦可）。再摆放上切成适当大小的水果或薄荷叶。

甜甜圈

使用干母发酵，
用面包坯做出的甜甜圈。
韧劲十足的面坯让味道更加出众！
一定要尝试挑战一下哦！

材料（12 个份）

A
- 低筋面粉……… 100g
- 高筋面粉……… 200g
- 食盐…………… 5g

干酵母……………… 2 小匙（6g）
无盐黄油…………… 30g
砂糖………………… 60g
鸡蛋………………… 1 个
牛奶………………… 120mL
食用油……………… 适量
干粉………………… 适量

准备工作

- 用保鲜膜包裹黄油，用手揉搓变软。
- 打鸡蛋，搅拌成蛋液。

＊制作甜甜圈面坯

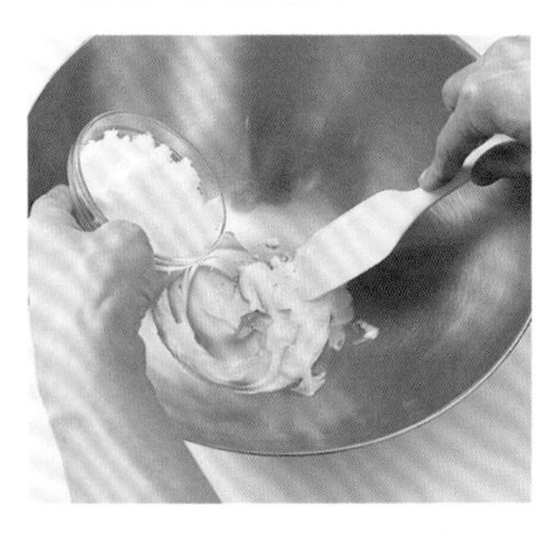

1 黄油放到碗内，用硅胶铲搅拌成奶油状。分多次加入砂糖，搅拌光滑。

重要步骤

2 加入一大匙低筋面粉，充分搅拌。黄油就不容易油水分离了。

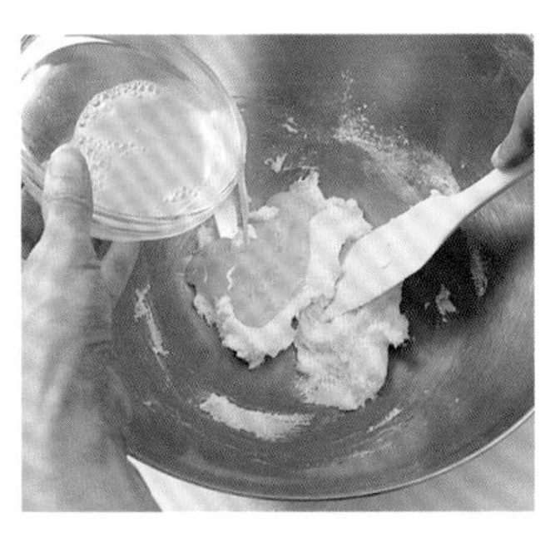

3 一点点加入蛋液，然后充分搅拌。

4 加入牛奶，搅拌至光滑。

5 将A一并筛入碗内。

6 加入干酵母，用硅胶铲迅速搅拌。

7 和成面团，拿到案板上，用手揉5分钟。如果有些粘手，就每次加一大匙低筋面粉（分量外），根据情况控制用量。最后使劲摔打面团，待面团光滑有光泽即可。

＊一次发酵

8 碗内抹一层薄薄的色拉油（分量外），将7放到碗内，盖上保鲜膜，放在温暖的地方。

9 等待面团发酵至两倍大。

＊塑形

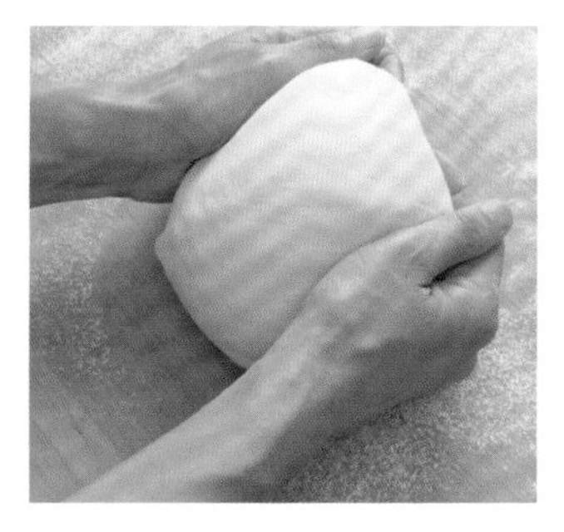

10 案板上撒干粉，将面团从碗内取出，用手轻轻按压，排出空气。不断揉面团，待表面光滑。

11 用刀切成12等份。

12 揉面的时候把面坯表面往下面揉，干的一面揉到里面去。底部在案板上擦几下，弄平整，接缝按紧。接缝朝下放在烤盘纸上。盖上保鲜膜，松弛10分钟。

13 案板撒上干粉，用双手搓成长20cm的棒状。

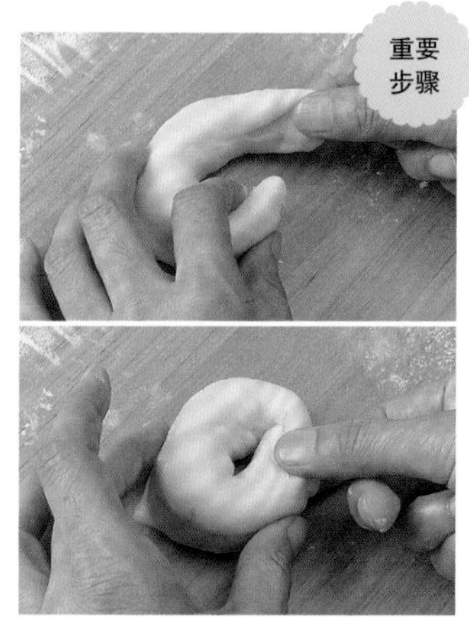

14 用手指固定住一端，把另一端卷过来，轻轻把两段按到一起，用手指稍微整理一下形状。如果用力过大，面反而不容易按到一起。

＊二次发酵

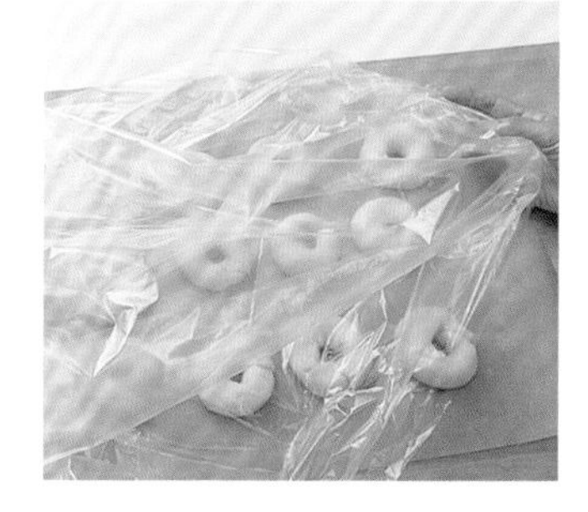

15 放在烤盘纸上，盖上一个大塑料袋，放在温暖的地方。

16 面坯发酵至2倍大即可。

＊用油炸

17 油加热到170℃，将面坯放进油里炸。用筷子沿着圆孔旋转，圆孔会变得更圆。待膨胀到表面上色后，翻面继续炸。不断翻面，一直炸到金黄色即可出锅。

*润饰

18 放在金属网上冷却，可以按照下述方法装饰甜甜圈。

装饰方法

稍微花时间装饰一下，卖相就跟蛋糕店里卖的一样诱人了。

糖衣甜甜圈

材料（4个份）**与做法**

无盐黄油10g放在耐热容器内，不用盖保鲜膜，微波炉加热20秒至熔化。另一个碗放入50g糖粉和2小匙水，加入熔化的黄油，用勺子搅拌均匀，然后抹在甜甜圈表面。

巧克力甜甜圈

材料（4个份）**与做法**

将50g块状巧克力掰碎放到碗内，不用盖保鲜膜，微波炉加热2分钟至熔化。用勺子搅拌至有光泽，然后抹到甜甜圈表面。

砂糖甜甜圈

材料与做法

甜甜圈放到塑料袋内，加入适量细砂糖，攥紧袋口摇晃，让糖均匀粘到甜甜圈上。

香甜烤红薯

用红薯皮当容器的香甜烤红薯。
这里使用的是个头稍小的红薯，
如果红薯较大，可以分成小块分食，
红薯瓤可以包在锡箔纸里烘焙。

充分突显红薯甜味的原生态甜品

材料（6个份）

红薯（4个小的）……500g
砂糖……………………40g
（红薯净重的20%）
无盐黄油………………20g
（红薯净重的10%）
鲜奶油（动物性）……40g
蛋黄……………………2个
牛奶……………………1小匙

（注）此配方甜度较低，如果喜欢甜一些，砂糖用量可增加10%。

准备工作

- 黄油提前从冰箱内取出。
- 烤盘铺上烤盘纸。
- 烤箱预热至180℃。

＊处理原料

1 红薯带皮清洗干净，用沾湿的厨房用纸包裹，然后再裹上保鲜膜。均匀摆放在微波炉转盘四周，加热5分钟，然后翻个面继续加热3分钟，确保红薯烤透。冷却到不烫手。

2 取出厨房用纸和保鲜膜，纵向切成两半。将红薯皮作成容器，选出6个稳定性较好的红薯皮，留出5mm的厚度，用勺子抠出红薯瓤，放到碗内。剩下的一个红薯去皮，弄碎放到碗内。

3 称红薯瓤的重量，然后用叉子碾碎。

4 加入砂糖、软化的黄油、鲜奶油、1个蛋黄，用硅胶铲搅拌至光滑。

5 如果水分太多，混合物过于稀薄，可以放在平底锅或普通锅内稍微加热，干燥至用铲子铲一下不往下掉即可。

＊原料放入红薯皮内烘焙

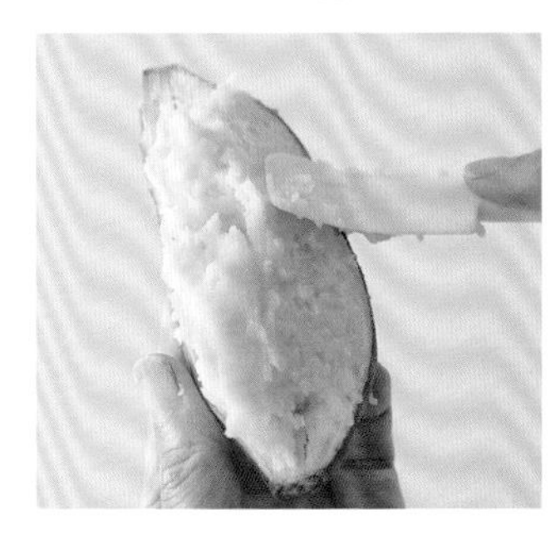

6 用硅胶铲或勺子将步骤5的物质装在步骤2中处理好的容器内，装满。

7 将剩下的蛋黄和牛奶放在另一个碗内，搅拌均匀后，刷在红薯表面。放在预热至180℃的烤箱内烤制12分钟，烤至颜色金黄时即可。

甜面包片

巧妙将家里的硬面包烘焙成美味可口的甜面包片。
酥脆的口感、经过烤箱烘烤的砂糖散发出的焦糖味
可谓美味妙不可言。
搭配其他材料，让味道更富多元化！

材料

法棍…………………长 15cm
无盐黄油……………50g
细砂糖………………40g

准备工作

- 烤盘铺上烤盘纸。
- 烤箱预热至 150℃。

＊烘干面包

1 将法棍切成厚7~8mm的薄片，摆放在微波炉转盘上，加热1~2分钟，使其干燥。

2 从微波炉中取出，反面放在冷却架上冷却。冷却后如果面包片不干脆，可以再次放在微波炉内加热30秒左右。面包热着时较柔软，冷却后就变酥脆了，可以酌情加热（但一直加热到面包干脆，冷却过程中余热会导致面包中间焦糊）。

＊润饰

3 将黄油放在耐热容器内，不用覆盖保鲜膜，直接放在微波炉内加热30秒左右直至熔化。如果没有熔化，可以酌情延时加热。

4 将步骤2中的面包片摆放在烤盘上，将步骤3用勺子一勺一勺涂抹在面包片上。

5 然后加上足量的细砂糖。放在150℃的烤箱内烘烤15分钟左右，然后放在冷却架上冷却。

面包干的华丽变身

只要加上若干原料，就可以扩延面包片的味道。烘干面包片的步骤相同。

黑糖面包干

在步骤3中溶化的黄油中加入40g黑糖（粉末），溶化。然后洒在面包片上（省去步骤5的细砂糖），按照相同步骤烘烤。

日本茶面包片

将步骤5中的细砂糖中加入1/3小匙的茶末，充分搅拌后，抹在面包上。然后按照相同步骤烘烤。

软糯法式薄饼

使用无需过筛的薄饼粉，操作超简单，搭配更自由！

材料（12–16 张分量）

薄饼粉…………… 1/2 袋（100g）
鸡蛋……………… 2 个
牛奶……………… 300mL
砂糖……………… 2 大匙
黄油……………… 适量
喜欢的水果（猕猴桃、蓝莓等）
…………………… 适量
糖粉……………… 适量

准备工作

- 鸡蛋提前从冰箱内拿出来。
- 将 10g 黄油放入耐热容器中，无需覆盖保鲜膜，放在微波炉内加热 30 秒。

1 将鸡蛋打到碗内，用打蛋器搅打，加入砂糖，搅打至均匀，加入 100mL 牛奶。

2 加入薄饼粉，继续搅拌，分次少量加入剩余的牛奶，搅拌成光滑的面糊，最后加入熔化的黄油，充分搅拌（ⓐ）。

3 平底锅内加入少量黄油。用勺子舀步骤 2 的面糊，七分满，倒入锅内，快速从同一个方向转一圈，让面糊摊平，用小火慢慢烤制。

4 表面彻底凝固干燥即可出锅。无需翻面烤制，直接倒扣到盘子或案板上（ⓑ）。

5 为了方便食用，可将薄饼折叠，然后将水果切成合适大小装盘，筛上糖粉，还可点缀上薄荷叶。

ⓐ
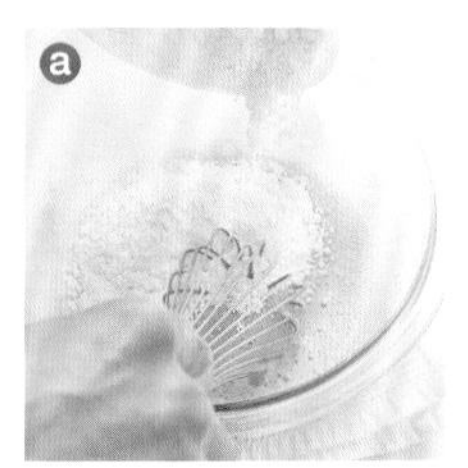
薄饼粉无需过筛，直接加入即可。

ⓑ
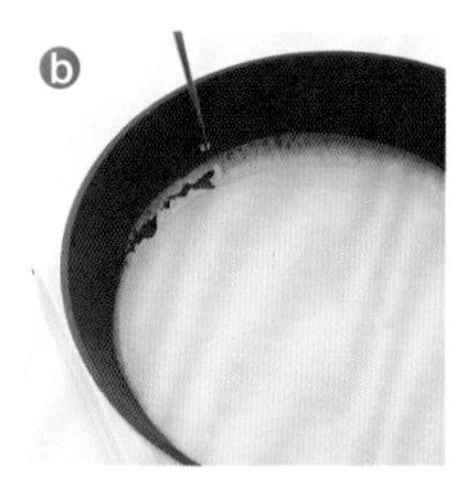
无需翻面烤制，边缘翘起后，用筷子夹起来看看反面是否烤成金黄色。如果已上色，即可出锅。

第六章

烘焙基础知识

阅读点心食谱时，
常常会有“咦？这是什么？”之类的疑问。
这时，就需要仔细阅读本章内容啦。
本章将简单易懂地向读者介绍
点心制作的相关专用术语、
基本材料和道具等。

点心制作专用术语

点心制作食谱中对于材料、做法、状态等，有专门的称呼或专用术语。简单介绍一下“点心制作”的基础专用术语。

●关于材料请参照P176~179、工具请参照P180~183。

A

熬煮

熬煮指将水、砂糖或泡软的明胶等加热，将固体或粉状物溶化成液体。

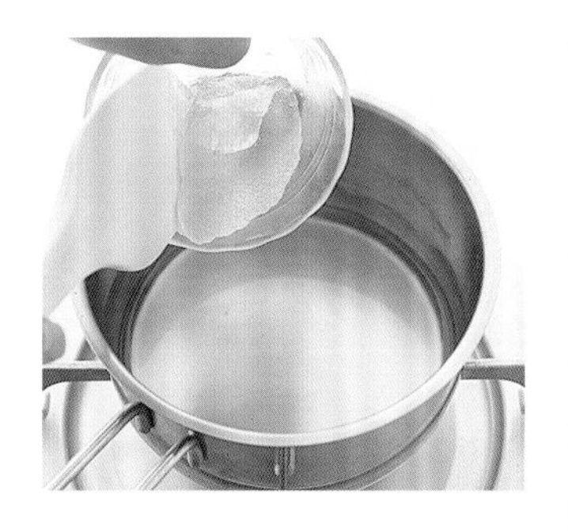

B

薄荷叶

香草的一种。薄荷的叶子。种类多样，最具代表性的有胡椒薄荷、绿薄荷等。拥有鲜艳的绿色和清新的香味，最适合点心装饰。

裱花袋

用石蜡纸等薄纸制作而成的锥状小型裱花袋。装入糖霜或少量奶油，然后尖端剪开口，即可使用。

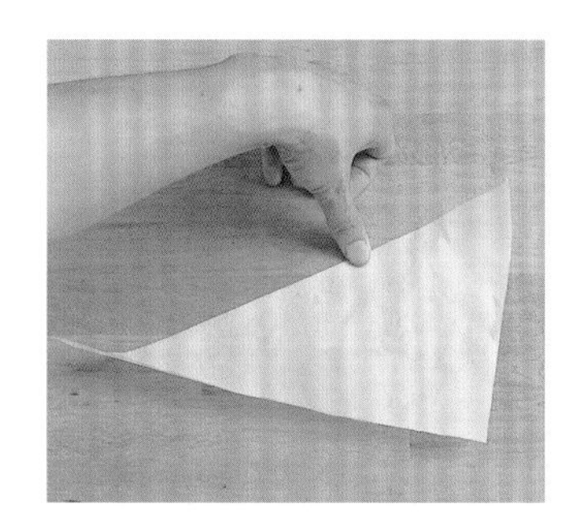

使用石蜡纸等具有防水性能的纸，两边裁剪成20cm、15cm的直角三角形，用单手拇指按住从顶点到对边垂直线的位置。

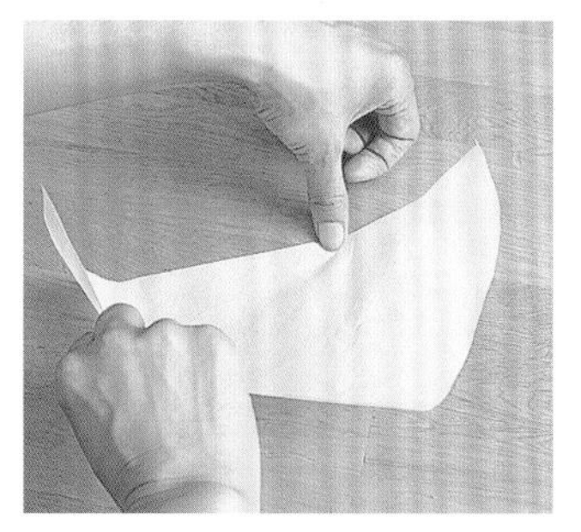

如照片所示，从用食指沿锐角5cm处往内侧卷。

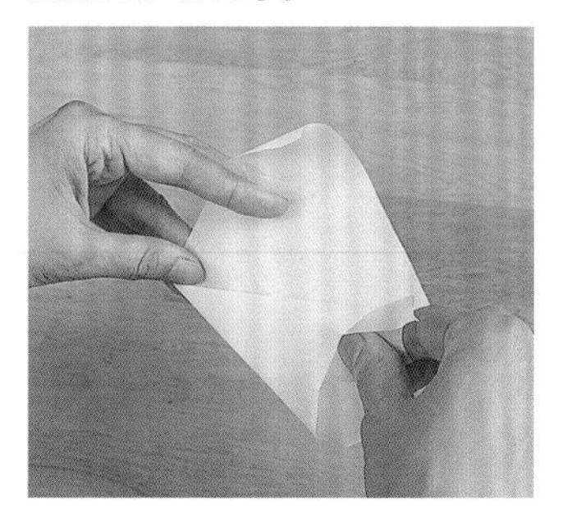

以单手拇指为支点（这里也是裱花袋口），用另一只手夹住纸卷成一个圆锥形，然后卷紧，稍作整理。

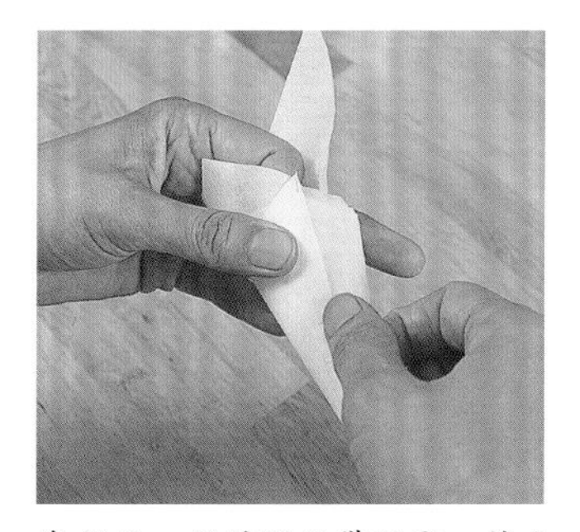

卷好后，用透明胶带固定，将上侧突出的三角形往外侧折叠。使用时，将材料倒入裱花袋内，先在尖端稍微开个小口，然后再根据需要开大点儿口。

不烫人的温度

用指尖触碰，稍微有些温热，与人体温度（36℃左右）一致。加热或冷却牛奶、奶油时常用的词汇。

C

彩带状

描述打发状态的专门词汇。这一状态是指拉起打蛋器，如果面糊有一定宽幅、像彩带那样飘落下来，落下来的痕迹很快就会消失。

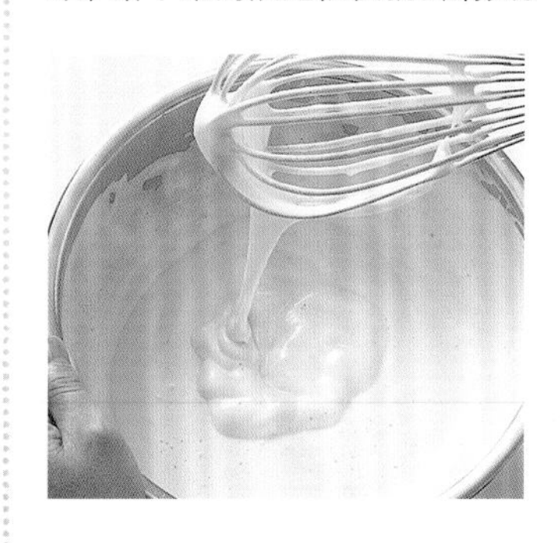

D

打发

使用打蛋器或电动打蛋器将鸡蛋和奶油等快速搅打拌入空气。根据材料或目的不同，打发程度也有差异，需要重点注意打发状态。使用电动打蛋器打发时需要注意不要打发过度。打发有以下几种程度：

【六分打发】

整体黏稠状，拉起打蛋器，基本不挂在打蛋器上。适用于制作巴伐利亚蛋糕使用的鲜奶油打发、装饰在点心上的糖浆。

【七分打发】

整体呈现蓬松状态，拉起打蛋器，液体流下，打蛋器上稍微挂住少许液体时。适用于蛋黄打发、拌入冰激凌坯子的鲜奶油的打发。

【八分打发】

拉起打蛋器，蛋白尾端呈现三角形且呈坚挺状时。适用于蛋白打发或装饰用鲜奶油的打发。

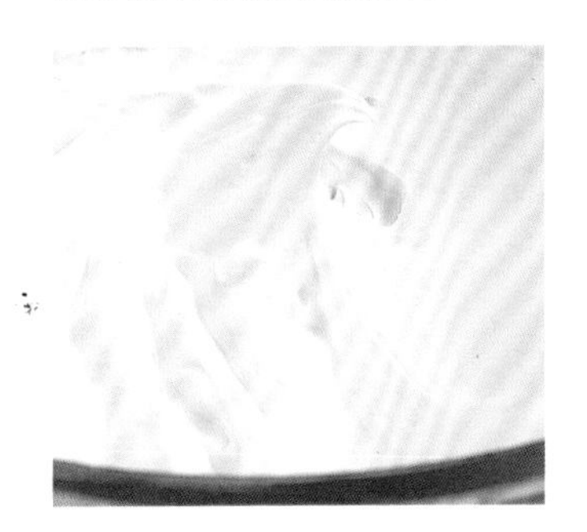

蛋白酥皮

蛋白加上砂糖打发至干性发泡状态。应用范围广泛，可直接用裱花袋挤出烘焙，可以混合到面糊中，也可以放在点心顶部烘焙。根据用途可酌情增减砂糖用量，打发至提起打蛋器尾端挺直，且有光泽状态即可。

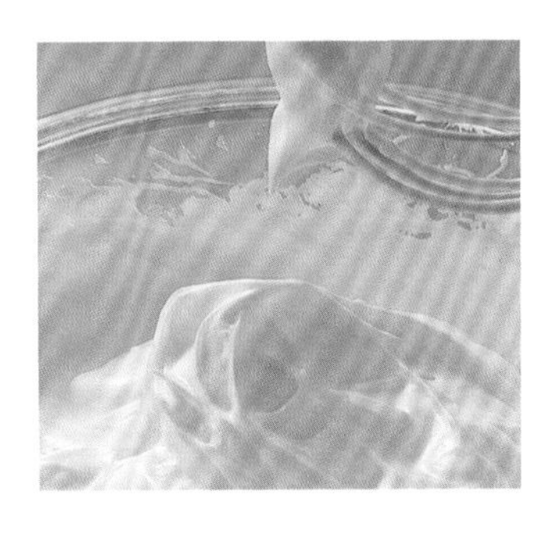

蛋奶冻

将蛋黄与砂糖打发，与低筋面粉混合，加上香草口味的温牛奶，然后加热，搅拌成黏稠状的奶油。用途广泛，比如泡芙、水果派等。

蛋挞

就是小型派的称呼。

G

甘纳许奶油

甘纳许奶油就是温热的鲜奶油内加入小块巧克力，直至完全溶化而成的奶油。使用方法与搅打奶油相同。

干粉

擀制曲奇或派皮时，为了防止面坯粘到操作台上撒的一层面粉，最好使用高筋面粉，也可使用低筋面粉。

往操作台上撒面粉时，要利用手腕的力量，用指尖捏一撮面粉均匀撒满操作台。

需要用擀面杖擀制面坯时，不仅仅操作台，擀面杖上也要抹上面粉。

隔冰水打发

稍大的碗内放入冰水，然后将装有坯子或材料的碗、模具等浸泡在冰水里降温。用于打发鲜奶油、巴伐利亚蛋糕和慕斯蛋糕坯加入明胶后需要边降温边凝固时。

隔水烘焙

用烤箱蒸烤的烘焙方式。一般用于制作布丁。蒸汽笼罩下，热量传导更加柔和。将装有坯子的模

具放在烤盘上，注入半烤盘的水，放进指定温度的烤箱内烘焙。

隔水加热

间接给材料加热的方法。这一加热方式传热轻微，原料不会焦糊，也不会分离。锅或碗内注入热水，将需要加热的材料放在另一个碗内，只有碗底浸泡在热水里。隔水加热巧克力时，不要让巧克力接触到热气或热水，最好选择碗大小能嵌进装有热水的锅内或碗内。

勾芡

将熔化的明胶加入液体后，用冰水冷却，变黏稠。或者加入鸡蛋或玉米淀粉的面糊一边搅拌一边加热至黏稠状态。

过滤

将材料或面糊利用筛网去除渣滓和面疙瘩，变得更加细腻。

过筛

过筛指将面粉、砂糖、可可粉等粉状物中的杂质去除，使其充满空气感的状态。有时面粉需要过筛 2~3 次。经过过筛的原材料，有利于后续步骤的操作，可使蛋糕坯更松软蓬松。

H

烘焙完成

用牙签插到蛋糕或点心中央，如果牙签上没有粘上生面糊，就意味着烘焙完成。如果牙签上粘有生面糊，可酌情再烘焙 4 ~ 5 分钟。烘焙好了以后，将蛋糕放在金属冷却架上冷却。

火候

就是煤气等火力的大小。“小火”就是火焰高度介于锅底和灶头之间，基本煮不到锅内食物；“中火”就是火焰铺满锅底，锅内食物静静烹煮的状态；“大火”就是火焰包裹整个锅底，锅内食物咕嘟咕嘟烹煮的状态。

加糖奶油

将充分打发的黄油、蛋白、蛋黄混合在一起而成的奶油。如果使用上等黄油，能够制作出口感醇厚的奶油。这种奶油耐热性好、裱花造型持久度好，即使是初学者也能完成漂亮的蛋糕装饰。

J

焦糖

就是用砂糖和水熬成的褐色糖浆。是制作焦糖布丁不可缺少的原料。P99 中介绍了加入鲜奶油制作而成的口感更加醇厚的焦糖。

搅打

混合黄油与砂糖时，用木铲和打蛋器擦着碗底搅拌，与打发稍有不同。

搅打奶油

即打发鲜奶油。随着打发时间的推移，刚开始打发较为柔软，随后渐渐变硬。需要注意，如果过度打发，油脂会与水分分离。如果发现打发过度，可以稍微加点鲜奶油，重新打发。用电动打蛋器打发容易搅打过度，最好使用普通打蛋器打发。

K

烤盘

烤箱或烤炉附带的金属盘，用途广泛。可铺上烤盘纸，将面糊倒入烘烤；可将曲奇摆放整齐后烘烤；也可将盘内盛满水将布丁隔水烘烤。

L

料理机

料理机是一种电动食物处理器，可快速将材料切碎、搅拌、研磨、擦碎。用途广泛，可用于将水果、蔬菜研磨成泥状、打碎坚果类、搅拌芝士蛋糕材料等。还可以辅助制作日常小菜，有一台非常方便。

M

面疙瘩

面粉等形成的小疙瘩。如果面糊中有面疙瘩，蛋糕组织会更粗糙，口感变差。需要注意，粉类需要充分过筛，另外搅拌时也要注意避免产生面疙瘩。

模具压造型

使用模具，将擀好的面坯压出喜欢的形状。多用于饼干制作。

N

奶油状

将黄油与奶油芝士等放入碗内，用木铲或打蛋器搅打，呈现白色蓬松的状态。

泥状

水果或蔬菜等碾碎、过筛后黏稠的状态。也可以用研磨棒或料理机研磨。

柠檬汁

柠檬挤出的果汁。柠檬汁有酸味，加到点心中，可以让点心余味更加清爽。

P

排气

混合面糊时，将混入面糊内的空气排出，以免烤制时出现奇怪形状。将模具多次在操作台上磕碰几次。

制作戚风蛋糕时，可以用牙签将面糊刺 2~3 圈，排气。

派

将派皮铺在派盘上，然后放入水果、奶油等夹馅而制成的点心。有的是夹上馅一并放入烤箱内烘焙；有的是先烤外皮，然后再夹上馅。

泡发

泡发就是将水果干或琼脂等经干燥处理过的材料放在水或温水里

泡软。多数情况下，经泡发后，材料分量会增加。这个词也指解冻冷冻的材料或将在冰箱内冷藏的材料放置室温下。这种情况下一般会说“放置室温下”。

泡软

明胶或琼脂等泡在水里变软的状态。明胶片泡至可轻轻拽断、琼脂泡至变软后，即可加入液体熬制。

蓬松

描述打发鸡蛋、黄油、鲜奶油的一种状态。打到比之前稍微有些重量感的状态。用打蛋器能捞起一些固体，但很快就掉下去的状态。

坯子

将材料全部混合后而成的状态。比如，冷却时凝固的状态、烘焙前的状态，有时也指烘焙后的状态。

Q

起酥油

白色无味无臭的固体油脂。多用于让点心起酥、口感酥脆、烘焙简单。

切拌

为了避免面糊起筋，用木铲或硅胶铲像切菜一样切拌。用硅胶刮刀切入底部，抬起再翻下。此搅拌方法适用于不想让面糊起筋时。

切面坯

将面糊倒入模具内，准备烘焙前，为了防止中心因为受力不均造成的奇怪的凸起。以大拇指在模型边，以转动方式抹出一圈凹槽，以便烤熟后中间自然立起。

S

散热

将加热的东西离开热源，放置冷却至用手指能感觉到稍烫（40℃ ~50℃）。

室温

也叫常温，指 18℃ ~25℃左右。将冷藏在冰箱内的原材料拿到室内，为了便于操作，去除冷气的步骤，也叫“恢复室温”。鸡蛋、黄油、奶油芝士等恢复室温后，变软容易打发，便于操作。

松弛

松弛指的是将派皮或曲奇面团在擀制前放在冰箱内冷藏。为了防止面团干燥，需要用保鲜膜包裹。经静置松弛后面团再擀制更易操作，不会收缩。与“醒发”意思相同。

T

糖浆

用水、砂糖熬制而成。根据使用目的不同，砂糖与水的比例、熬制方法也有所不相同。

糖霜

将绵白糖、蛋白、柠檬汁搅打而成的蛋白糖霜。可以用于装饰点心表面，也可以放在裱花袋内描画出图案。

调温

制作巧克力时，用 50℃水隔水加热至熔化，然后用铲子搅拌，让碗底坐在水里，将温度降至 26℃，然后再加上热水，让巧克力温度提高至 29℃ ~31℃。如果巧克力含可可油较多，没有进行调温就直接融化凝固，会造成巧克力无光泽、表面有白点、口感差。因此，调温是必需步骤。

X

馅料

馅或者填料的意思。主要指派、蛋挞里面夹的水果、奶油、果酱等。

小苏打

为了让烘焙点心更加松软，加入到坯子内的膨松剂。呈白色粉末状，正式名称叫做碳酸氢钠。一定要选用标识点心专用（食用）的产品。

醒发

与“松弛”意思相同。

Y

研磨过筛

利用滤网或筛网的网眼，将水果或者已经煮过的材料用木铲或研磨棒碾碎，过滤。

预热

预热指的是提前充分加热烤箱内温度。预热烤箱需要花一段时间，如果等点心坯已经做好了再预热，坯子状态有可能变差。尤其像海绵蛋糕坯，幸苦打发的泡沫可能会消泡。如果不预热，直接将坯子放入烤箱内烘焙，像派、曲奇等含有黄油的坯子，黄油会软化，烘焙失败。烘焙点心的一大技巧就是将面坯一做好就放进烤箱箱烘焙，这就需要事先预热好烤箱。关于预热时间因烤箱型号不同、设定温度不同会有差异，需要仔细阅读说明书。

Z

扎孔

意为刺透。烘烤派皮时，如果直接烘烤，空气排不出去，会导致派皮膨胀。扎孔就是在派的表面扎上排气的小孔。可以使用叉子或专用扎孔滚轴。

直立尖角

一种打发状态。拉起打蛋器时，奶油呈现三角形的状态。用于打发鲜奶油、蛋白酥皮至干性发泡时使用的术语。

为初学者详细介绍烘焙材料

原材料是制作香甜可口点心的基础，对每款点心是否制作成功具有极其重要的作用。熟悉各类原材料，是烘焙成功的第一步。牢记各类原料，才能开心玩转烘焙。

粉

面粉按照蛋白质含量的多少，可以分为高筋面粉、中筋面粉、低筋面粉。高筋面粉适合制作需要弹性和粘性的面包、派，而且颗粒粗糙，适合当干粉(参照P171)用。中筋面粉多用于制作面条。低筋面粉中蛋白质含量较低，即使搅拌面糊也不会起筋，适合制作饼干和蛋糕。如果没有高筋面粉，可以将低筋面粉当干粉使用。此外，全麦粉就是小麦胚芽和麦麸一并研磨而成的面粉，嚼劲和风味更佳。无论是哪种面粉，使用时都需过筛去除面疙瘩，并让面粉充分混入空气。

使用可可粉和抹茶粉等粉类原料时，需事先过筛后再使用。

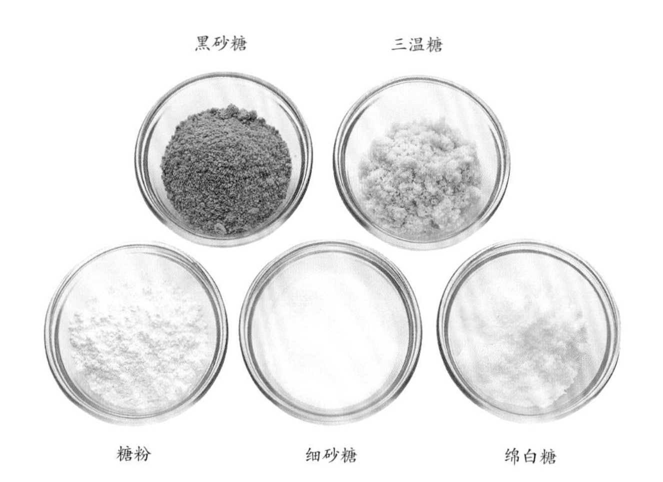

绵白糖吸湿性较强，容易受潮结块，制作点心时，最好过筛后再使用。

砂糖

砂糖除了增加甜味，还具有加快鸡蛋打发、防止干燥、上色、增添香味等作用。本书中的食谱如果没有特殊说明，砂糖是指绵白糖。绵白糖具有甜味醇厚、吸湿性强的特点，有助于点心制作。黄糖与绵白糖作用相同，但在精制过程中残留了糖蜜且富含矿物质、口感醇厚。细砂糖精制度高、甜味上等，用于需要保持透明感的果冻以及各类点心制作。糖粉是细砂糖磨成粉末后加入玉米淀粉制作而成的，主要用于装饰。三温糖色彩浓郁。红糖（带蜜的甘蔗成品糖）和黑糖具有独特风味，适合用于朴素风格的点心制作。

鸡蛋

蛋黄可以让点心呈现金黄色，且具有光泽感；打发的蛋白含有空气，可以让蛋糕更加蓬松。此外，还可以利用鸡蛋遇热凝固的特性制作布丁，鸡蛋还可以为点心增添风味。总之，鸡蛋是点心制作不可缺少的原材料。打发全蛋液时，温度最好控制在 35℃ ~40℃，可以隔水加热（P172）。

选用新鲜的鸡蛋。鲜度较好的鸡蛋，用手分离蛋黄与蛋清时，蛋黄不会破碎。

黄油

黄油分添加 2% 盐分的有盐黄油和制作时未添加食盐的无盐黄油。烘焙点心一般使用无盐黄油。准备黄油时需要注意，不同点心使用的黄油也不一样，比如，冷却的黄油、室温下的黄油、熔化的黄油等。避免暴露在空气和阳光下，包裹好放在冰箱内保存。如需长时间保存，可冷冻保存。

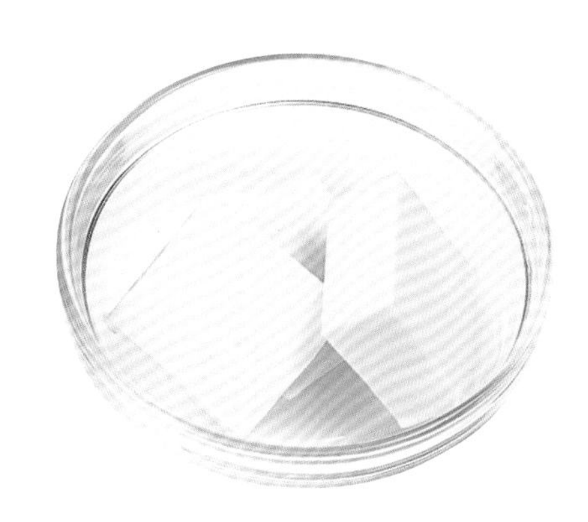

制作派皮时，黄油需要放在冰箱内冷藏。最好切成小块后冷藏。

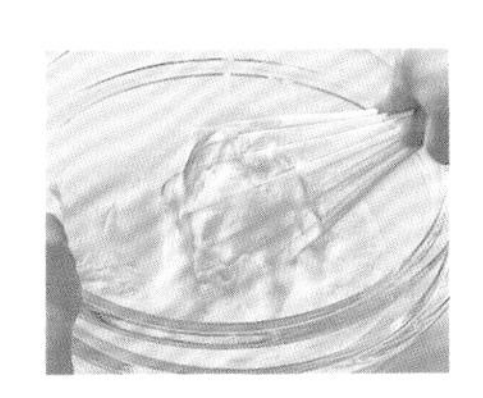

鲜奶油在低温下更容易打发，因此打发时需要碗底隔冰水冷却。

鲜奶油

从牛奶中提取的脂肪。乳脂肪含量 40% 以上的鲜奶油经打发拌入空气后呈奶油状。脂肪含量低、用于调配咖啡的奶油无法打发。除了从牛奶中提取出的纯乳脂肪鲜奶油，还有植物性脂肪的鲜奶油。如果想品尝纯正的奶油味道，建议使用纯乳脂肪鲜奶油。

牛奶加热沸腾后，表面会产生一层薄膜。点火后最好不要离开，以防溢出。

牛奶

巴伐利亚蛋糕、慕斯、蛋奶冻的主要原料就是牛奶。制作蛋糕、饼干时，牛奶可以代替水，为点心增加丰富口感。牛奶分低脂牛奶和全脂牛奶，没有特殊要求时，点心烘焙都使用全脂牛奶。

芝士

本书中介绍的点心主要使用奶油芝士和酸奶芝士。两者都是无异味、低盐分芝士。奶油芝士主要原料是鲜奶油和牛奶，呈白色、手感较软，酸味温和，口感醇厚。酸奶芝士是用脱脂奶制作而成的，低脂肪、干巴巴。有的芝士还需要过筛后再使用。

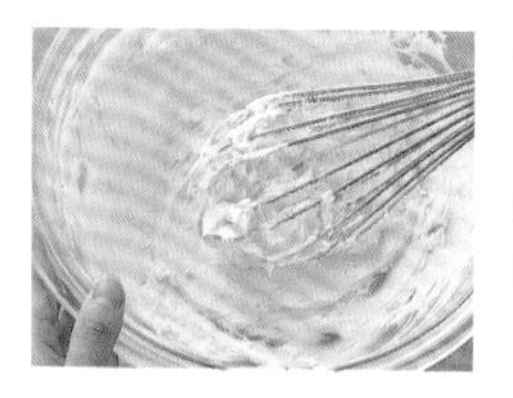

奶油芝士放置室温下，变软后打发使用。也可用微波炉加热30秒（根据分量调整时间），迅速变软。

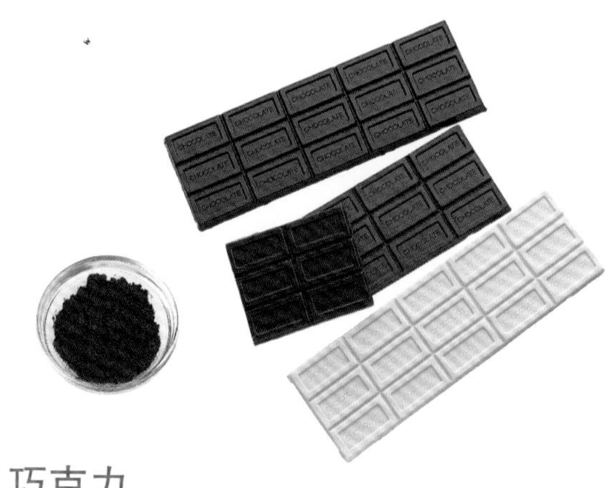

巧克力

制作点心一般会选用添加物较少、可可含量高、价格较贵的烘焙专用巧克力。本书也介绍了使用块状巧克力制作点心的食谱。巧克力分苦味、甜味（图上）、牛奶（图中）、白巧克力（图下）等多种口味。涂抹整个蛋糕时，需使用可均匀涂抹的涂层专用巧克力。可可粉是将可可豆中的可可油去除后的粉状物，是制作巧克力的原材料。烘焙点心需选用无糖巧克力。

点心用巧克力需要一边调节温度一边熔化，这样才能成功分离、结晶。

明胶

明胶是用动物的骨骼和皮的“骨胶”制作而成的蛋白质，有明胶粉和明胶片两种。明胶片需要用6~8倍的水泡软，沥干水分后使用。明胶片具有柔软易于熔化、凝固性强、透明度高的特点，本书主要使用了明胶片。使用明胶粉时，需要将明胶粉倒入水中浸泡5分钟，或者用微波炉加热溶解，也很方便。但是需要注意，加热溶解时，高温长时间加热容易造成凝固性减弱。如果没有明胶片，可以将重约明胶片80%的明胶粉撒入3倍的水内浸泡后使用。

明胶粉

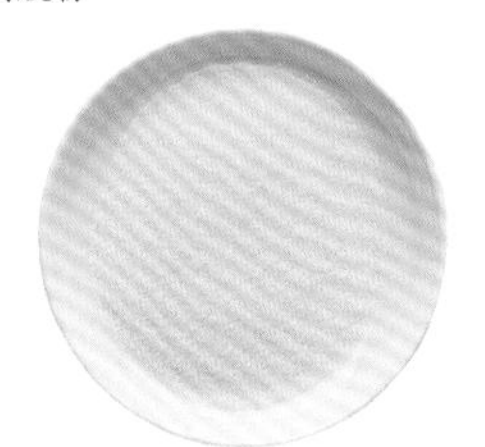

将明胶粉倒入水内泡软。如果往明胶粉内注水容易产生面疙瘩。

明胶片

加入6~8倍的水，一片一片地泡发。泡软后，取出，沥干水分。

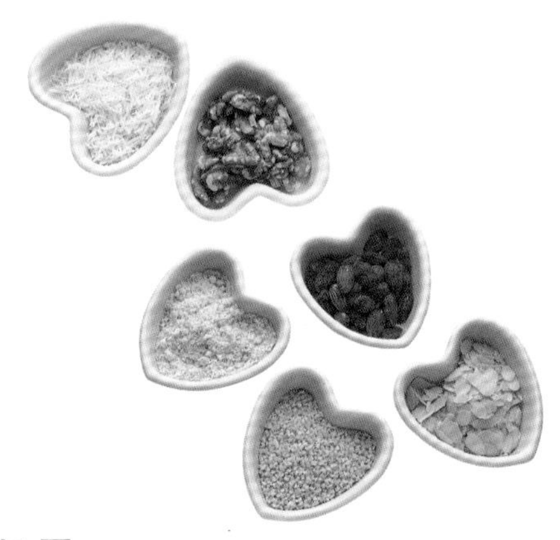

坚果

坚果是为点心增加独特风味和香味的辅助材料。最常使用的是形状各异的杏仁。除此以外，还经常使用腰果、花生，一定要使用未添加任何调味料和油脂的坚果。用烤炉将坚果烘烤干燥，去掉薄皮，按照食谱做好准备。

泡打粉

以小苏打（碳酸氢钠）为主要成分的膨松剂。有助于增加蛋糕的蓬松度。使用时，与面粉一起事先过筛。用量过多，会产生异味和苦味，一定要控制用量（100g 面粉 2 小匙）。长时间暴露于空气中，容易吸收湿气，导致功效降低，因此需放在冰箱内保存。除了泡打粉，小苏打也被当作膨松剂用于点心制作中。

香料

香草香精

点心制作经常使用的香精就是香草香精。香甜的味道可以遮盖牛奶和鸡蛋的腥味。有天然的香草豆荚，以及提取的香草精和香草油等。最好使用香草豆荚（参照 P132），如果没有，可以使用香草精或香草油。香草精一经加热味道会挥发，因此主要用于冰淇淋、冷点心的制作。烘焙点心最好使用香草油。香精除了香草味以外，还有杏仁、柠檬、橙子味的。

洋酒

洋酒可以为点心增加各种各样的香味。众所周知的朗姆酒，是以甘蔗糖蜜为原料生产的一种蒸馏酒，经常用于各类西式点心。樱桃白兰地和橘味利口酒也经常用于各类点心制作，建议用在含有水果的点心制作。制作咖啡风味的点心可以加一些散发着咖啡香味的甘露咖啡力娇酒。洋酒使用一定要考虑与点心味道的搭配，这样点心制作会变得更有趣。所有洋酒都含有酒精，如果点心是做给孩子食用，一定要控制用量。因为洋酒用量较少，购买小瓶装即可。

为初学者详细介绍烘焙工具

这一标识意指烘焙必备工具。烘焙点心时，最好提前备好。

为了成功烘焙点心，需要使用一些必不可少的工具。一旦确定要制作何种点心，首先就要开始准备制作该款点心必备的工具，每样工具准备一件即可。

计量

正确计量材料是点心烘焙成败的重要因素。有时因为配比稍微出现误差，就可能导致烘焙失败。重量用电子秤、容量用量杯和量匙都是必不可少的工具。制作巧克力时还需要准备烘焙专用温度计。

量杯

一般容量是 200mL。选择方便看刻度的款式。如果准备容量 50mL 的更方便。

量匙

大匙 15mL、小匙 5mL。计量砂糖、盐等粉末状材料时，如果盛得太满，需要用小刀抹平再计量。

定时器

热牛奶时，为了避免忘记，事先设定定时器让操作更安心。

秤

精确到 1g 的电子秤使用更为精准、便捷。

过筛 / 过滤

面粉、砂糖、可可粉、杏仁粉等粉末状材料在使用前，为了去除疙瘩或杂质，让材料充满空气需要过筛。液体的点心坯为了去除异物或杂质，让口感更爽滑都会过筛。此外，为了让原料口感更为细腻，或者需要将材料做成泥状物，都需要用到网筛。

万能过滤网筛

也叫过滤器，是一款金属笊篱。可以过筛粉类、过滤液体、过滤泥状物，一身多用。选择带有挂钩的，可挂在锅边、碗边，使用更便利。

面粉筛

（右图上）金属制、有把柄的笊篱，与万能过滤网筛一样，用途广泛。网眼分粗网眼和细网眼。简洁的造型，清洗和晾晒都很便利。（右图下）把手可以灵活移动的面粉专用筛。过筛效率高，但是边角容易塞满面粉，难以清洗，晾干也很费时间。

混合 / 打发

点心制作的关键步骤就是混合材料和打发材料。将鸡蛋或蛋白、黄油、鲜奶油等混入空气的打发、混合粉类、搅拌材料等，不同点心所需步骤也不尽相同。为了提高烘焙效率，需要选择最合适的工具。尤其是打发，如果能熟练使用手持电动打蛋器，能加快打发速度，达到事半功倍的效果。

打蛋器

手持电动打蛋器

打发蛋白酥皮或全蛋液时，用手打发费时费力，推荐使用手持电动打蛋器（下图上）可以轻松打发。但是，如果用手持电动打蛋器打发鲜奶油，很快就可打发，很难判断状态，这种情况下，最好使用手动打蛋器（下图下）。选购打蛋器时，需要注意打蛋头是否结实、手柄是否舒服。

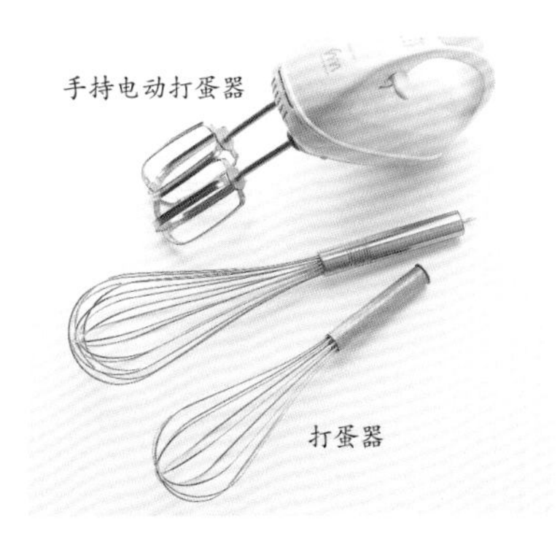

碗

一般混合一整份蛋糕原材料需要直径 27~28cm、打发鸡蛋或蛋白酥皮需要使用直径 23cm、熔化黄油或巧克力、泡软明胶需要直径 15cm 的碗，准备以上三个尺寸的碗就足够使用了。有时制作点心也需要两个同一尺寸的碗。推荐选用结实的不锈钢材质、或微波炉可适用的耐热玻璃材质。

木铲

硅胶铲

硅胶铲便于切拌原料、刮净原料。过滤泥状物、开火加热原料时最好使用木铲。搅拌时最好选用可以吻合锅底的圆弧状铲子；过滤时最好选用平铲。

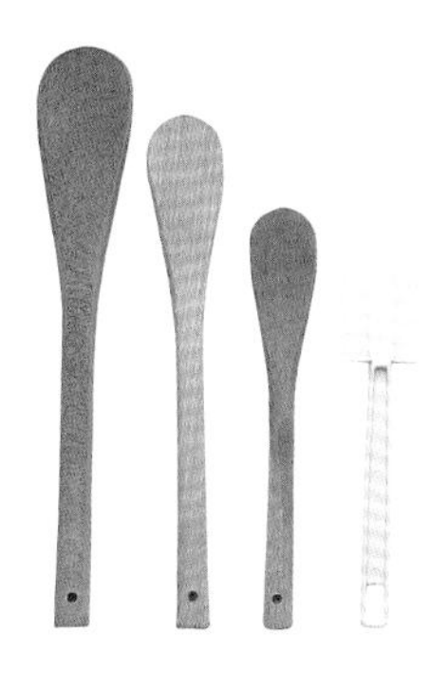

托盘

可以冷却蛋奶冻或馅料、也可当作果冻液和琼脂液的模具使用。金属材质还可以用于隔水烘焙布丁等点心。

硅胶刮板

与金属刮板功能相同，因为是硅胶材质，可以当作铲子使用。刮板边角呈圆弧形，可以贴着碗底弯曲处刮净碗内原材料。

金属刮板

用于切放入面粉内的冰黄油、分切发酵后的面坯的金属材质工具。

混合面粉和黄油时制作派皮，用金属刮板一边将黄油切成小丁一边搅拌混合。

模具

可以根据个人想要制作的点心，准备相应的模具。一般基本烘焙模具包括直径 15~18cm 用于制作海绵蛋糕的圆形模具、长 21cm 的磅蛋糕模具、直径 21cm 的派盘等。铝质模具容易生锈、不锈钢材质模具容易烤焦，初学者最好选择有不粘涂层的制品。

圆形模具

布丁模具

磅蛋糕模具

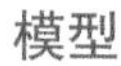

模型

用于饼干和派皮的造型，也可用于以海绵蛋糕为坯制作各种造型的小蛋糕。

玛芬模具

烘焙玛芬的模具。除了烘焙玛芬，还可以烘焙用黄油蛋糕面糊制作而成的杯型蛋糕。

戚风模具

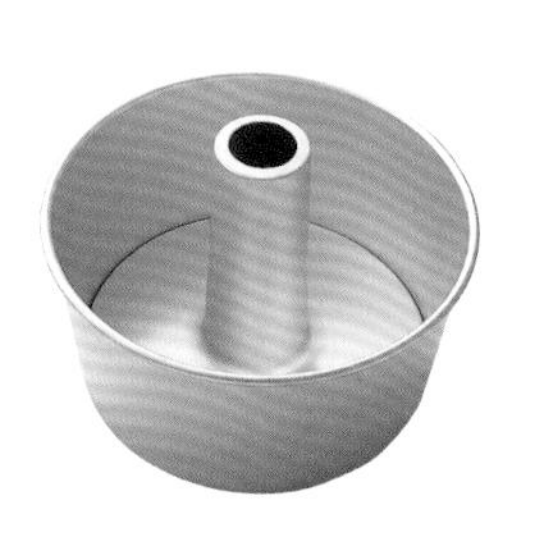

戚风蛋糕专用模具。中央有一中空烟囱，可以导热。活底设计，易脱模。有金属质也有纸质款。

圆形模具

可以烘焙海绵蛋糕，还可以制作果冻等冷点心。分活底和非活底两种，可根据烘焙需求酌情选择（活底模具不适合制作冷点心）。

磅蛋糕模具

常用于烘焙黄油蛋糕坯的长方形模具。标准尺寸是长 18~21cm、宽 7~8cm，也有小尺寸的，还有可以当作礼物直接送人的纸质模具。使用小尺寸模具时一定要注意烘焙时间。

布丁模具

有各种尺寸，同一尺寸的可准备 6~8 个模具。材质分金属、硅胶等。

派盘、蛋挞盘

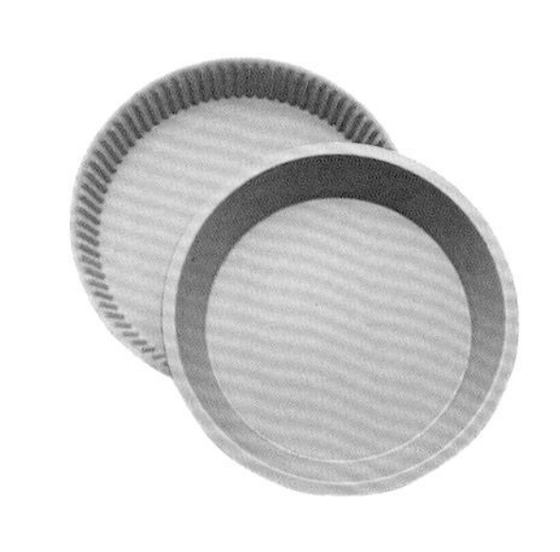

边缘较浅、向外延展的用于制作各类派。侧面垂直有波纹的用于制作蛋挞。二者标准尺寸为直径 18~21cm。直径 6cm的也叫迷你蛋挞盘。

擀制

将派皮和饼干坯擀制成厚度均匀需要平整的操作台和擀面杖。操作台最好使用能够保持面坯低温的大理石材质，家庭用木质的也行。没有操作台时，可以利用调理台，也可以将桌子擦洗干净当作操作台使用。

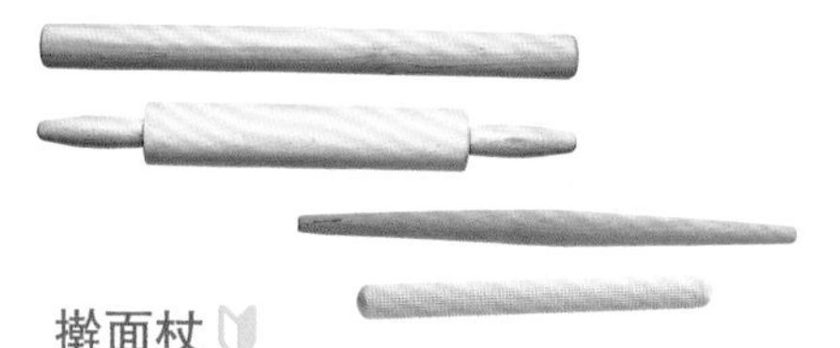

擀面杖

分为棒状和滚轴两种。标准长度约 40cm。最好选择笔直、无弯曲的。

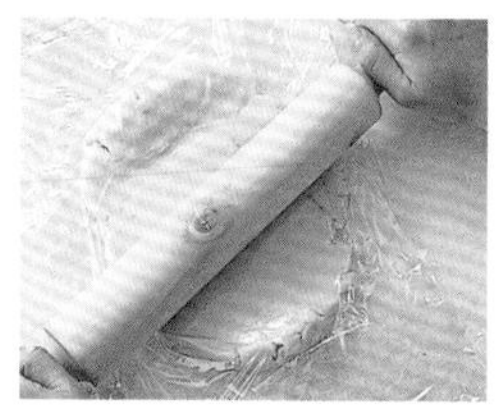

擀制派皮时，擀面杖不可缺少。最好选择比自己肩稍宽的长度。

烘焙

制作好的点心坯马上面临“烘焙”这一步骤了。这一步骤必不可少的工具就是烤盘和烤盘纸。烤盘使用烤箱配套的即可。烤盘纸用于铺在烤盘或模具上，防止点心粘连。有玻璃纸、硅胶纸、石蜡纸、硫酸纸等各种材质。

烤盘纸

烤盘纸分一次性和可重复使用的。可根据使用频度酌情选购。也可使用调理纸。

硫酸纸。可铺在烤盘上、铺在模具内，也可制作裱花袋（参照 P178）。

可以多次使用的硅胶纸。铺在烤盘上，曲奇坯等可以直接放在硅胶纸上。

装饰

往烘焙好的蛋糕上涂抹奶油、点缀上配饰是点心烘焙的最大享受。为了装饰效果更加漂亮，需要借助各类小工具，渐渐积累一些小工具，点心烘焙会变得更有乐趣。

冷却架

用于冷却刚烘焙出炉的点心的金属网。金属网带有脚，通风性好，能迅速冷却点心。推荐使用直径约30cm 的圆形冷却架。

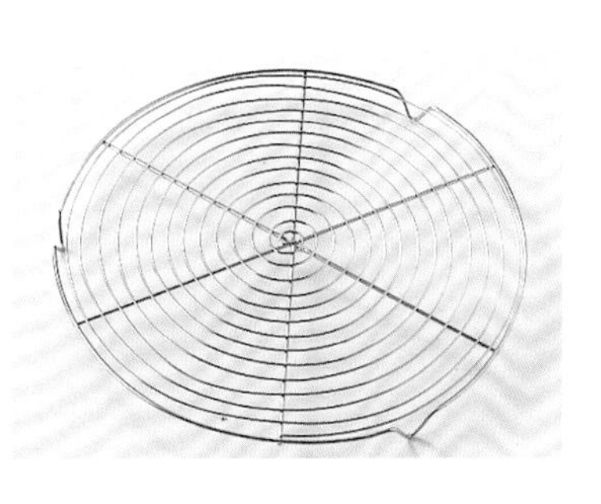

抹刀

也叫刮刀。用于往蛋糕上涂抹奶油时。因为需要涂抹蛋糕整体，所以最好选择长度稍长的抹刀。

裱花台

将海绵蛋糕、水果派等放在裱花台上，一边旋转一边装饰。尤其需要将蛋糕全部涂抹奶油时，裱花台必不可少。

刷子

往派或曲奇涂抹增加光泽度的蛋黄时、往海绵蛋糕涂刷糖浆时，刷子是必备工具。最好选择刷毛稍硬的刷子。

裱花袋
裱花嘴

推荐使用照片中所示树脂材质的裱花袋，易清洗、干得快。裱花嘴准备直径7mm 的圆形和星形，日后可根据个人喜好添置更多图案。

索引（按照材料和制作方法）

图书在版编目（C I P）数据

第一次做甜点 / 日本主妇之友社编著 ; 唐晓艳译. --
北京 : 中国民族摄影艺术出版社, 2016.5
ISBN 978-7-5122-0842-1

Ⅰ. ①第… Ⅱ. ①日… ②唐… Ⅲ. ①甜食 – 制作
Ⅳ. ①TS972.134

中国版本图书馆CIP数据核字(2016)第075234号

策划制作：北京书锦缘咨询有限公司（www.booklink.com.cn）
总 策 划：陈　庆
策　　划：陈　辉
设计制作：王　青

书　名：第一次做甜点
作　者：日本主妇之友社
译　者：唐晓艳
责　编：张　宇
出　版：中国民族摄影艺术出版社
地　址：北京东城区和平里北街14号（100013）
发　行：010-64211754 84250639 64906396
印　刷：北京彩和坊印刷有限公司
开　本：1/16　170mm × 240mm
印　张：12
字　数：65千字
版　次：2016年7月第1版第1次印刷
ISBN 978-7-5122-0842-1
定　价：49.80元